看板にゃん猫

猫たちがこっそり教えてくれた
14の奇跡の出会い

逸見チエコ

MICRO MAGAZINE

はじめに

看板にゃん猫《こ》のファンタジー

「店にいる猫」が大好きな私は、これまでにたくさんのお店の猫を訪ねてきました。

取材に行くと、きりっとした看板猫の顔になって、営業スマイルや営業ポーズをたくさん見せてくれる猫たちがいます。

眠くて動けず時間切れになったり、初対面の人間を怖がって隠れてしまうこともあるのですが、あきらめずに一度、二度と通っていくうちに「ここはわたしの店よ」という、凛とした表情を見せてくれるときがきます。この表情を見たくて通っているといっても過言ではありません。この顔から猫のお店への想いが伝わってくる気がするのです。

さらに、もうひとつ楽しみがあります。

猫と「愛する人」との関係性を見ることです。猫は、一度ひとりの人間を信じたら、生きている限り、惜しみない無償の愛情を注ぎ続けるけなげな生きものです。

その切ないくらいのまっすぐな愛情を受けている人は誰なのか。そして、愛し愛される猫とのかけがえのない日々はどんなものなのか。その様子を大切に受けとめ、これまで文章にしてきました。

さて、現在。猫からの話を聞いてみたいと私は考えるようになりました。看板猫から見た、店での暮らしや出来事は、彼らの瞳にどう映っているのでしょうか。何を考え、どう受けとめ、日々を過ごしているのでしょうか。

猫は言葉は話せません。でも、心は通じます。ならすぐに会いにいかなければ。

ということで取材を開始した次第です。

そして、「この猫はあんなこと思ってるかな、こんなこと思ってるかな」とイマジネーションをフル回転させて、たくさんのお話を作ってみました。

内容はすべてフィクションですが、猫とお店は実在しています。

どこまで信じるかは、あなた次第。

猫になった気分で楽しんでいただけたら幸いです。

逸見チエコ

もくじ

※本書に掲載した情報は2019年10月1日時点のものです。

Chapter 1

虹の むこうから 君へ

ぼく、看板猫になる!

カフェアルル

ゴエモン、2代目 次郎長、石松

カフェアルル　東京都新宿区新宿 5-10-8　11:30 ～ 22:00　日曜定休　正月休業

マスターといた時間

「もうすぐ着くからな、もう少しだ」

根本マスターは、愛車にぼくを乗せるとハンドルをいつもより優しく切る。揺れを少なくするためだ。今日はちょっと焦ってるみたい。

ぼくは、キャリーバッグの中から、見慣れた風景が流れていくのをながめていた。新宿から大塚へ。町並みがのどかになっていくのが楽しくて、家に近づいてくるとバッグの中から何度もマスターに話しかけた。もうすぐだね、まずは2階に連れてってよ、でもその前にご飯ね、とかいろんなこと。

でも今日は声が出ないんだ。風景も、薄くぼんやりとした色彩だった。

ぼく、決めた！

夜の新宿はいろんな色の光がキラキラ。いつもの散歩コースは昼と夜とじゃガラリと変わるんだ。ん？　こんなとこあったっけ。面白そうな隙間を見つけた。楽しそう！　ぼくは、ひょいと入ってみた。

……あれ。真っ暗で何も見えないや。痛っ！　これなんだ？　尖ってる。動いたら刺さりそうだ。へんな姿勢のまんま動けない。せまい。

アンティークが所狭しと並んだ店内に猫がよく似合う。

水出しコーヒーは深みのある味わい。ビッグコーンとバナナがつく。

暗い。ここはどこ？　誰か助けて！

繁華街の夜はにぎやかだ。弱ったぼくのか細い声なんて届かない。どうしよう。どうしよう。気持ちが焦る。どれくらい経ったのかな。ずっと真っ暗だからわからないや。……もうダメだ。このまま死ぬんだとあきらめた。そのときだった。

ガラガラガッシャーン！　耳をつんざくような大きな音とともに、目の前が一気に明るくなった。まぶしい！　思わず目をつむる。あれ？誰かの声がする。

「おーい。子猫がいるよ」

おそるおそる目を開ける。やっぱりまぶしい。バシャバシャ瞬きをしたら、外はもう朝だった。声のほうを見上げると、優しいふたつの目がこっちを見ていた。

「君は誰だい？」

……あなたこそ誰？

ふわっと体が持ち上がる。わあっ。無理な体勢をしてたからか、あちこち痛む。なのに、この人の抱っこ、嫌じゃない。優しい。気持ちいい。あったかい。一気に疲れと眠気が押し寄せ、ぼくは寝てしまいそうになる。

「うーんどうしようかな」

ぼくを抱っこした人が首をかしげる。どうするって何を？

それからこの人はぼくを抱っこしたまま黙り込んだ。考えごとをしてるみたいだ。そしておもむろにぼくをじっと見つめ、

「ウチに来る？」

と聞いた。間を空けず、

「うん！（にゃあ）」

と即答した自分自身に驚いた。

はじめて会った人。会ってから1時間も経ってないのに。でも、そんなこと関係ない。ぼくの心の奥のまたその奥が、この人と一緒にいたいと願ったんだから。

この男性は根本さんという名前で、新宿5丁目で「カフェアルル」というお店を経営している。みんなマスターと呼んでいるから、ぼくもそう呼ぶことにした。

自分で選び取った人生

アルルの大きなソファに転がってみると程よく体が沈む。これはなかなかいいぞ。

「ほら、もう寛いでるよ！」

根本マスターとスタッフのお兄さんお姉さん、店にいたお客さん。その場に居合わせた全員がぼくに注目している。不思議な気分だった。

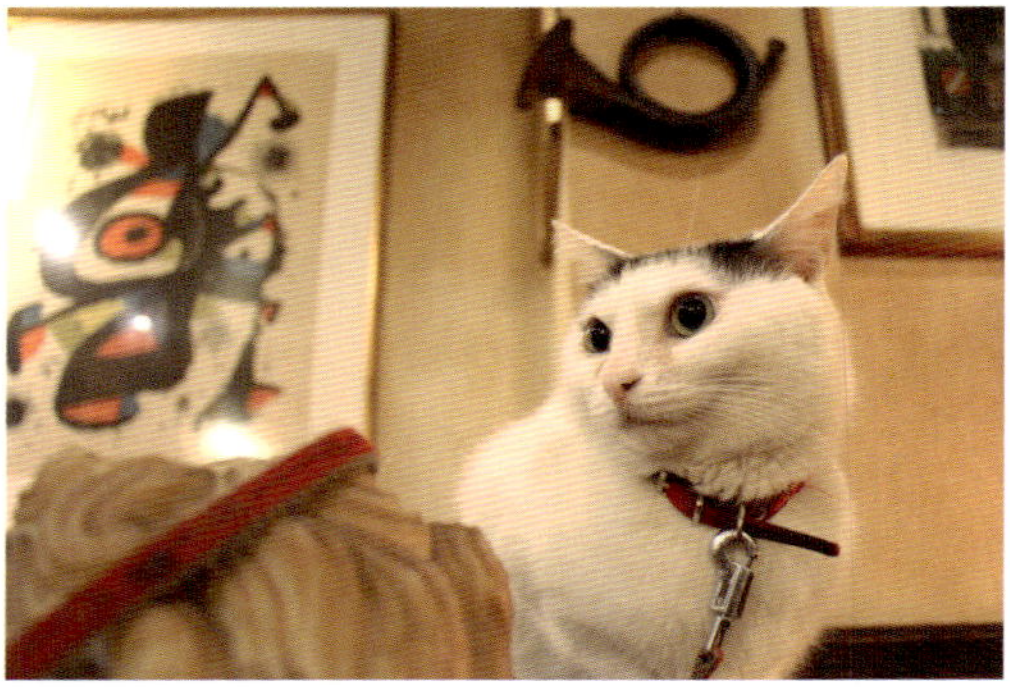

（上）２代目看板猫の次郎長。ゴエモンの面影を見る人が多いが、血縁関係はない。
（左）同じく２代目看板猫の石松。優しく穏やかな性格。

眠くなってきたので前足を伸ばしてあくびをしてみた。するとなんと、今度は歓声が起きた。

「可愛いー！」「キャー！」

いつのまにか若い女性の3人組が近くに来ていた。黄色い声につられて、本を読んでいたおじさんまでぼくのそばにやってきていた。

「この子お目々が大きいわ」「キレイな緑だよね」「今こっち見た！」

ぼくが動くたびに注目が集まり、声が飛び交う。そのあいだ、マスターはとなりに座ってニコニコとぼくを眺めているんだ。ぼくは、なんだか得意げな気分になってきた。少し恥ずかしいけど、気分は高揚していた。もうひとりのぼくに、ぼくが出会った瞬間だった。注目されるのって気分がいい。

「……やっぱりゴエモンかなあ」

マスターがこっちを見てつぶやいた。ぼくのこと？

「うん。ゴエモンにしよう。いいかい？」

名前、ってやつ？　ぼくがずっとほしかったやつだ。

うん。いいよ！　ゴエモンって、どんな意味かわからないけど、マスターがつけてくれるのなら最高にうれしい。

マスターの目を見て気持ちを伝える。

「ナアー！」

「おっ！　返事したよ！　気に入ったかな。今日からこいつはゴエモ

RIVIERA
COUNTRY CLUB

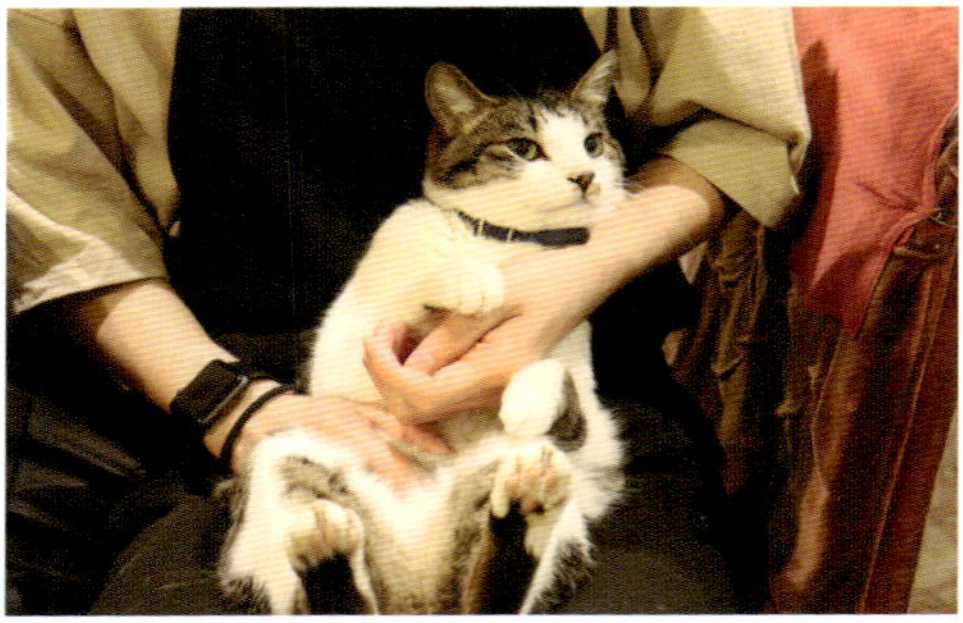

（上）スタッフに抱かれる石松。されるがままなのは信頼の証。
（右）根本マスターと次郎長。在りし日のゴエモンにそっくり。

ンだ」

「いい名前ねー」「よろしくゴエモンくん」「ゴエモーン！」

ぼくの返事にその場が沸いた。名前はゴエモンに決まった。はじめての名前に心が躍る。マスターいわく、堂々としてるぼくを見てたら、侍っぽく見えたんだって。

店内にあるあたたかい倉庫部屋がぼく専用のスペース。今日からここで夜は寝るんだ。夜ひとりになってもお店にいれば、朝から夜遅くまで長時間マスターと一緒にいられる。願ったり叶ったりだ。

こうしてぼくは自ら望んで、アルルの看板猫に就任したのだった。目を閉じれば何度でも、この日がまぶたの裏に鮮明に甦る。記念すべき1日だった。だって、本当のぼくの人（猫）生が始まったんだから。

アルルは水出しコーヒーが名物の老舗カフェ。味の違いがわかる大人の店だ。と同時に夜10時までやっていてご飯も美味しいから、仕事帰りのサラリーマンや飲み会帰りの人たちで閉店間際までにぎわう。中でもランチ時はとくに忙しい。そんなときはぼくも奥で昼寝をして過ごす。スタッフは忙しいながらもぼくの背中を時折撫でてゆく。

看板猫の仕事はぼくに向いていた。天職といっていい。たとえば、ぼくのまあるい緑の目。視線が一度でも合ったら、みんな即ぼくにメロメロになるそう。のんびりした動きも、お客さんの目には優雅な仕草に映るようだ。気分によるけど、撫でられるのは好きだし褒められ

るのはもっと好きだ。接客も楽しい。ぼくは自分がなんのために生まれてきたのか、少しわかった気がしていた。

アルルはマスターで始まりマスターで終わる

朝はマスターにご飯をもらって抱っこされたり遊んでもらったり。全部すんだら、お仕事スタート。看板猫の顔に変身する。それまでは、忙しいマスターにべったり甘える。ふたりの時間は貴重なんだ。

「ゴエモンは頑固だな」マスターは言うけど、それはあたりまえだ。ぼくは、今までの人（猫）生、全部自分で決めてきた。マスターの猫になること。アルルの看板猫になること。そしてマスターを信用し、全力で愛すること。ここにいたいからいるんだ。大好きなんだよ。言葉が話せないからそのぶん主張するんだ。

アルルのお客さんの反応はいろいろで、ぼくを見て驚く学生、すぐさま近づいてきて抱っこしようとする女性。そっと、となりに座って本を読みはじめるサラリーマン、ひっきりなしに話しかけてくるご婦人一行など。幸福なことに、ぼくを乱暴に扱うお客さんには会ったことがない。カフェアルルは風格がある店だから。お客さんも相応しい人しか来ないからだってスタッフが教えてくれた。

閉店時間が近づくにつれ、お客さんがポツポツと少なくなっていく。

マスターに歯磨きをしてもらうゴエモン。

大好きなマスターに抱き上げられるゴエモン。丸い大きな目は宝石のよう。

店内は店の長い歴史をあたためるように、飴色だ。この時間がぼくは好きだった。

「ゴエモーン」

ひと仕事終えて手が空いたマスターは、ぼくを捜す。ぼくはすぐに走っていってとなりのソファに上る。マスターが話しはじめるとスタッフもやってきてぼくを囲む。

「ほんとにゴエモンは可愛いなあ」

ぼくを撫でるマスターの目尻が下がる。

うん。ぼくは今日も楽しかったよ。可愛いって30回は言われたよ。だけどね、マスターのこの1回にはかなわないんだ。

いさぎよくあれ

マスターとの19年は、まるで水出しコーヒーを淹れるように、ゆったりと丁寧に過ぎていった。どの夜もどの朝も、ぜんぶまぶしい一番星みたいに思える。こんなに心を通わせることができたなんて、今でも信じられない。出会った瞬間から、ぼくの気持ちが変わることはなかった。ねえ、ぼく思うんだ。マスターとぼくって、本当はふたりでひとりなんじゃないのかって。だって不思議なんだ。マスターの考えてること、ぼく、ぜんぶわかっちゃうんだからさ。

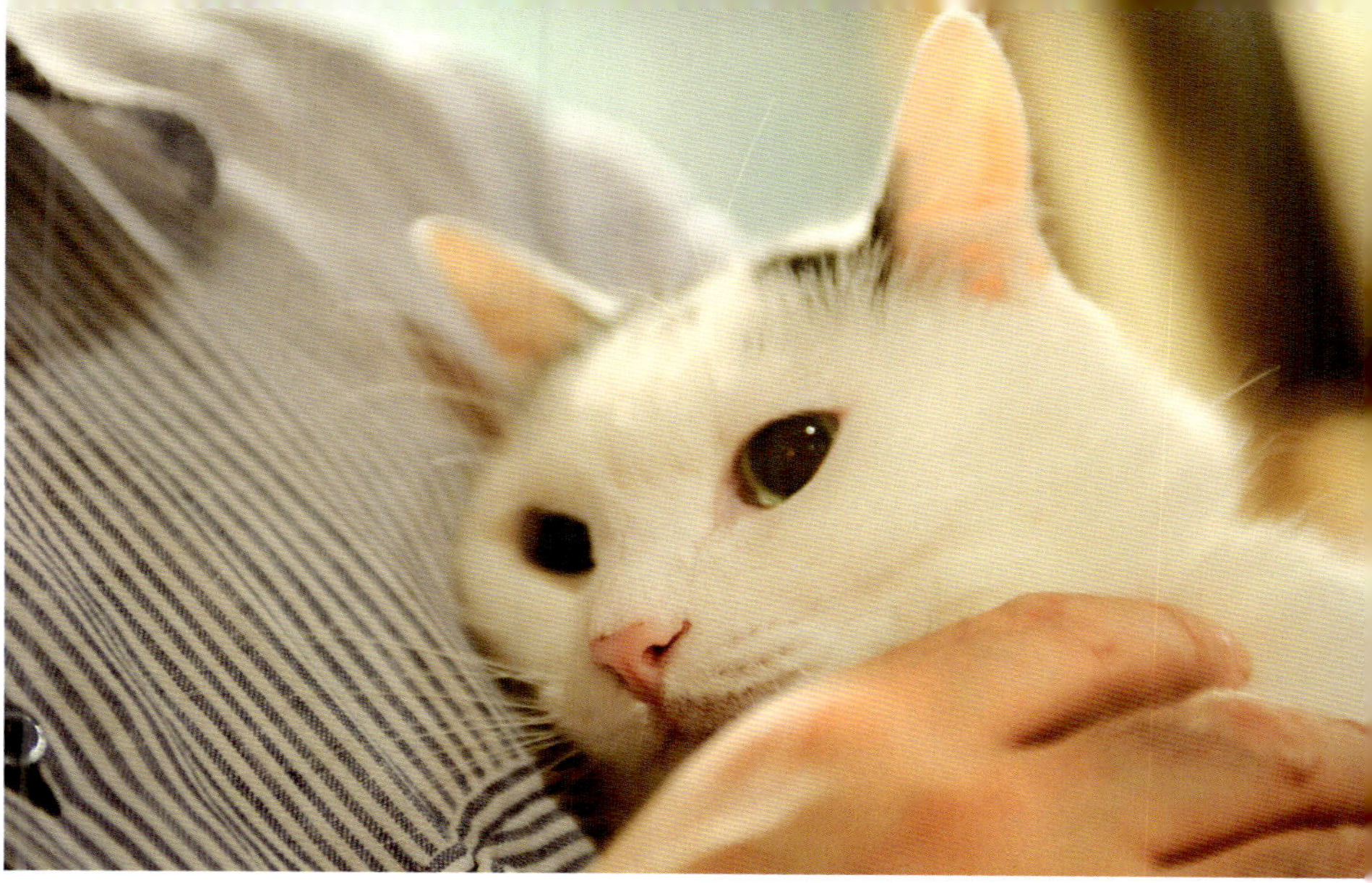

ぼくはもう長くない。そうでしょ。

だから家に連れて帰ってくれたんだ。そう、ここはぼくのトイレだ。はじめておしっこしたところ。きれいにしておいてくれたんだね。

トイレもすんですっきりしたから、マスターのベッドで休もうかな。ああ、マスターの匂いがする。気持ちいいなあ。

マスター、悲しい顔でぼくをじっと見るのはやめて。マスターのニコニコ笑顔が好きなんだ。ほら、お客さんにぼくの可愛いところを自慢してるときのあの笑顔。あの顔でいてほしいのに。

目をつむるたびに、「ゴエモン！　生きてる？」っていうから落ち着かないよ。ぼくはもう声が出ないんだ。尻尾をさ、少し上げて答えるから勘弁してよ。

さて、そろそろ行くよ。行かないでって？　それは無理なんだ。マスターの猫になることも、アルルの看板猫になることも、ぜんぶ自分で選んだことだ。だから、ぼくが決めたらぜったいなんだよ。

ぼくたちはふたりでひとり。ぼくの一生は最高に楽しかった。だからマスターも同じはず。

「楽しかったでしょ。バイバイ」

親分と呼ばれた猫

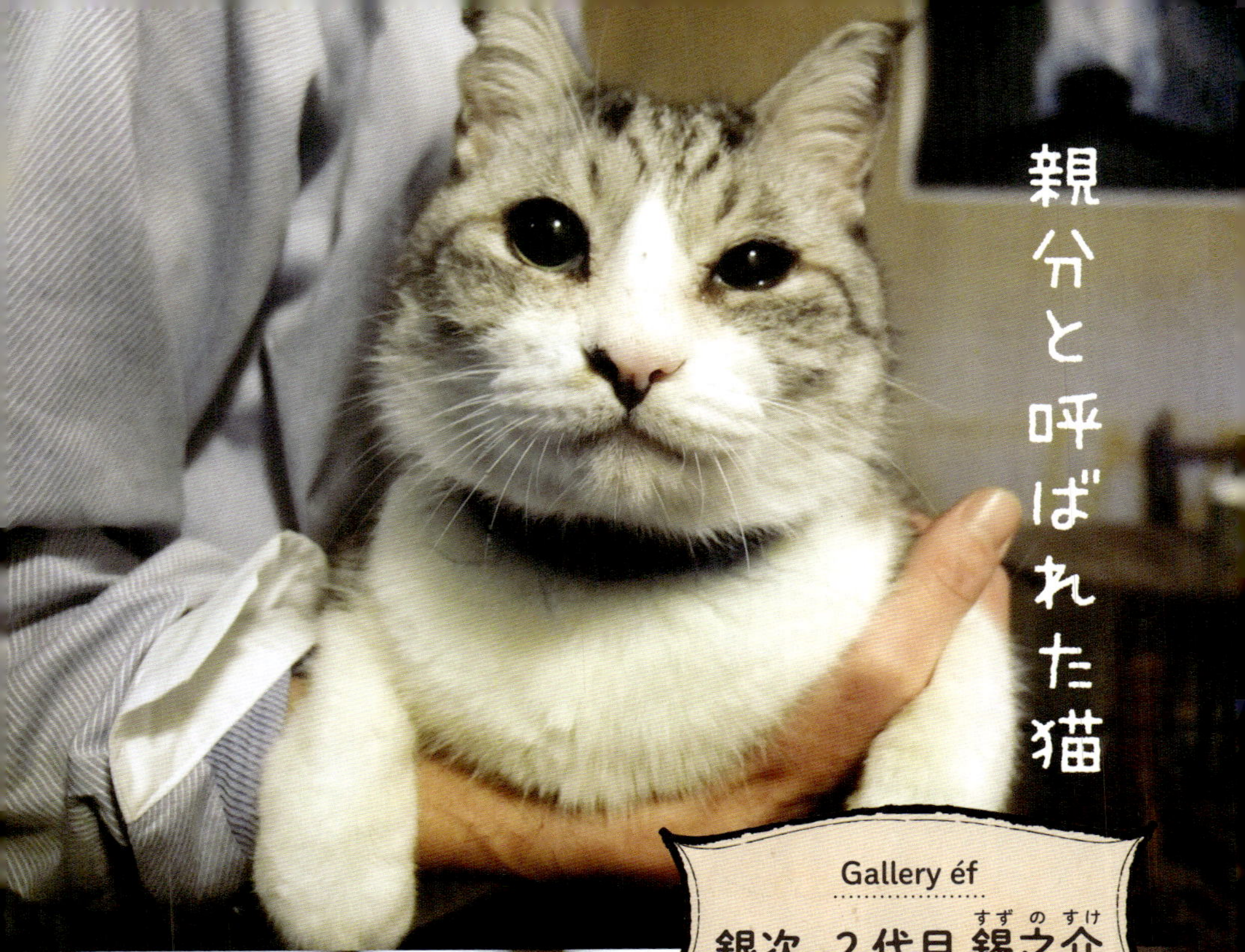

Gallery éf

銀次、2代目 錫《すず》之《の》介《すけ》

(上)銀次親分。きりっとした表情に貫禄が見られる。(下) 錫之介くん。愛らしいキャラクターで皆の人気者だ。

Gallery éf　東京都台東区雷門2-19-18　カフェ 11:00～18:00（L.O. 17:30）火曜定休　他に臨時休、夏期／冬期休業、貸切あり　バー水曜日 18:00～24:30 金、土、日祝日前夜 18:00～24:30

名前を呼ばれたことがすべてのはじまり

「ギャラリー・エフ」は、江戸時代の最後（慶応4年）に材木商の住居の一部として建てられた土蔵を、現在のオーナー家族がリニューアル。ギャラリーとして生まれ変わった。道路に面したスペースがカフェ&バーとなっている。

戊辰戦争も関東大震災も東京大空襲からもまぬがれ、奇跡的に残った貴重な土蔵。唯一無二の空間はアーティストたちからラブコールがやまない。美術品の展示はもとより、寄席やライブ、朗読などのイベントが毎日のように開かれている。そのディレクションを一手に引き受けていたのが、いずみだった。

２００９年の夏のことだ。ぼくがここにはじめて来たとき、本当はひとりじゃなかった。風太と名乗る猫についてこいと声をかけられ、ついていったところにギャラリー・エフがあった。その後も何度か風太についていったが、店の前に着くと彼が消えてしまうということが続いた。

不思議だったのは、ギャラリー・エフの女性（いずみという名前だとあとで知る）には風太が見えていないようだったこと。風太はぼく

（右）石黒亜矢子氏が描いたいずみさんと銀次親分。神話をモチーフに。（下）いずみさん撮影の銀次親分。まっすぐな視線に意志の強さを感じる。

がご飯をもらうのを見ているだけで、食べようとはしなかったこと。

どうやら彼は、ここの店にゆかりのある猫のようだった。彼は、ひとこと「君には運命の出会いが待っている」といって消えた。はて、なんのことだろう……。

その言葉の意味は、そのあとすぐにわかることになる。

あるとき、店の前にいたぼくを、いずみが焦ったように抱きかかえて2階の事務所に運んだ。どうやらご近所から苦情があったようだ。「保健所に通報されてしまう」いずみが焦っていたのはそのためだった。

ぼくは突然のことに驚いた。でも、いずみの優しい腕に瞬時に安心してしまった。ノラの誇りは一瞬で消えうせ、いずみのそばにいたいと思った。これも不思議だった。今まで人間には散々裏切られてきた。もう誰かに気を許すことはぜったいにないと思っていたからだ。

ぼくは体が大きく、このあたりのボス猫も一目置くノラとして悠々と生きてきた。しかし、自分で思っていたほど頑丈ではなかったようだ。病院に連れていかれ、そのまま9日間入院した。ＦＩＶ（猫免疫不全ウイルス感染症）陽性、歯と腎臓の状態もすこぶる悪かった。いずみに保護されていなかったら、保健所が来る前に病魔にやられていただろう。

ぼくはいずみに助けられたんだ。

ぼくは「銀次」と名づけられた。ここ、浅草で90年前に会社を興した、

銀次親分といずみさんの貴重なカット。いずみさんはいつも撮影側だったため、並んで写ることはめずらしかった。銀次親分の安心しきった表情が印象に残る１枚。

いずみの曽祖父と同じ名前だ。そして、やはり浅草で名を馳せ、小説にも書かれたスリの大親分、仕立屋銀次こと銀次親分とも同じ。「銀次」いずみに呼ばれた瞬間、ぼくの生きる意味が生まれたのだった。

いずみの覚悟、銀次の覚悟

退院後は、しばらく2階の事務所で過ごしていた。出勤してくるいずみに会うのが楽しみで楽しみで、離れるなんて考えたくなかった。いつまでここにいられるのか。

ある日のこと、いずみは大事な話がある、と言った。両手を揃えて言葉を待つ。いずみはぼくと目線を合わせ、ゆっくりと口を開いた。

「ここは私たちが家族でやっているお店です。お客様をお迎えするために、守らなくてはならないルールがたくさんあります。それを守らなければ、あなたはここで暮らせません」

いずみは、ぼくを信用している。ぼくをギャラリー・エフの猫にしようとしている。いずみは覚悟を決めたんだ。命を救ってくれただけじゃない。ぼくと生きていこうとしてくれている。ぼくは、いずみのこの言葉を心に刻んだ。

そして、ギャラリー・エフの「カフェで暮らす猫」としてお披露目されたのだった。

土蔵の２階にて。ライブのときには２階席として使われることもある。

（上）石黒亜矢子氏によるユーモラスな注意書きが目を引く。（左）２代目看板猫の錫之介くん。

「猫であること以外に使命なんてない」

ギャラリー・エフは、いずみとその家族が経営している。いずみのお母さん、弟の直人さん、そして叔母の晶子さんだ。いずみの家族は、すなわちぼくの家族、そして同僚でもある。会議にはもれなく参加した。一刻も早く店を理解して、いずみの役に立ちたかったんだ。

カフェとギャラリーのお客さんは、いずみがとても大事に思っている人たち。だから、ぼくも大事にすると決めた。猫が苦手なお客さんを除けば、みんなぼくをあっさりと受け容れてくれた。そして尊重してくれた。今になって思えば、お客さんはいずみをとても信頼していたから、いずみの猫のぼくも信頼してくれたのだと思う。

ぼくは銀次親分だ。名は体を表す。仁義に厚い性格なのだ。ぼくを受け容れてくれた家族とお客さんを裏切るようなことがあってはならない。親分らしく店を守っていこうと誓った。

カフェでお客さんを迎える毎日を過ごすうちに、ヒトのバイオリズムのようなものが読み取れるようになった。この女性客は今寄り添ってほしいと思っているから彼女の席へ行こう。この男性は考えごとで忙しいから遠くで接客しよう、とか。はじめはまぐれかと思ったけど、外れたことは今までない。「触ってはいけないものには手を触れない。

ぶさねこ堂オリジナル「錫之介せんべい」売り上げは保護猫活動に寄付される。

お客さんへの接客も心得ている」

お客さんのみんなは驚いていた。そしてぼくは、いずみに喜んでもらおうとさらに張り切った。

ギャラリーでのイベントが決まると、準備に追われる日々がはじまる。家族は朝から夜遅くまで大忙しだ。ぼくも負けてはいられない。搬入を見守り、当日は看板猫を返上して「学芸員猫」となってお客さんを案内した。

そんな毎日は充実していたものの、営業中に長時間寝てしまう日もあった。ぼくの体は猫だった。自分が歯がゆかった。

そんなぼくに、いずみはこう言った。

「恩なんて返さなくていいんだよ。返すものなんて何もないよ。猫であること以外に使命などあるはずがない」

なんてことだ。ぼくはありのまま、いずみに愛されていたのだった。そんな自分を、ぼくも愛していこう。こんな日が来るなんて思ってもみなかった。

ブラインドの隙間から外を眺めると、浅草の美しい街が見える。後ろから、そっと寄り添ういずみ。風景はもっと美しくなる。幸せで胸が満たされる。

いずみとの出会いは、やっぱり運命だったんだね。

銀次の道は太く長く続く

ぼくはすっかり親分が板について、子分が誕生するまでに成長した。わかりやすく言うと、ぼくのファンクラブだ。それもひとりやふたりじゃない、そして東京だけじゃない、日本中にいる。定期的に集まって「子分寄り合い」という交流会も、開催している。

ファンミーティング。子分たちは、猫の幸せについて語り、猫の未来を真剣に考えているすごい人ばかりだった。ぼくは親分としてみんなの話に相槌を打ち、あいだを歩き、そして同意するのだった。

楽しい日々は、本当に突然に、いずみが言うには「あまりにいさぎよい」死を迎える直前まで続いた。

いずみに出会って、毎日がとても幸せだったから、ぼく自身は後悔はない。けれど、いずみのことが心配で心配で仕方なかった。いずみが、ぼくをどれだけ愛してくれていたかわかっていたから。どうか悲しまないで。お願いだから。

「銀ちゃんが……」

出勤前の自宅で知らせを聞いた、いずみ。ぼくの定位置に腰かけぼくの亡骸を抱き、涙を落とす。どれくらい経っただろう。いずみは顔を上げた。

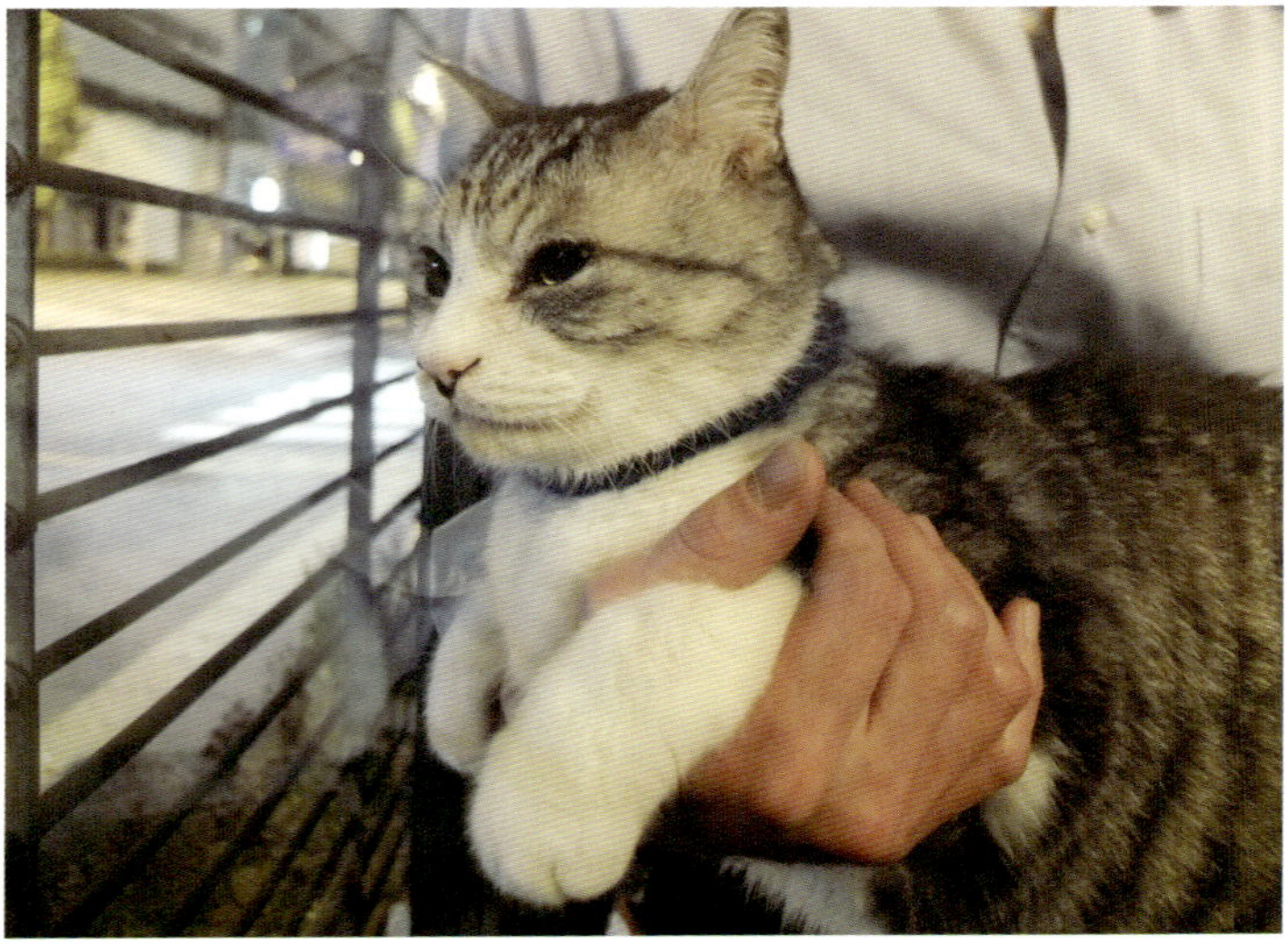

店内から夜の浅草を眺める銀次親分。浅草といずみさんをこよなく愛した。

お坊さんに連絡し、通夜の準備に取りかかる。子分たちに連絡し、ぼくの死を告げる。急なことにもかかわらず、20人ほどが駆けつけた。葬儀には70人以上、四十九日のあいだのお参りには300人を超える人が訪れた。人前で、いずみは気丈だった。ひとりになると毎晩泣いていた。

世界は美しい。あなたがいたから……

ぼくがこの世を去って1年後のことだ。いずみは福島県内の原発被災地避難指示区域である飯舘村に通いはじめた。取り残されたままの、400匹以上の飼い猫たちの世話をするボランティアとして。「今ある命をつなぐこと。それが残された者の役割」いずみは立ち上がったのだった。

飯舘村の雪の中、ひとりで慟哭するいずみを見た。悲しみは続いていたのだ。すぐに駆け寄って抱きしめたかったけど、ぼくにその力はない。しかし数日後、ある猫（のちに錫之介《すずのすけ》と命名）に出会ういずみの姿があった。ぼくと出会ったときのように、偶然に、でも待っていたかのように。きっといずみは大丈夫。そう思って安心したんだ。

それなのに。神様は意地悪だ。いずみをこちら側に来させるなんて。

りりしい表情と溌剌としたたたずまいが印象的な2代目・錫之介くん。偉大な銀次親分の跡を継いだ彼もまた特別な猫だ。

闘病中も、弱音を吐かないばかりか、猫たちの心配ばかりしていたいずみ。

「いつでも猫のはなしばかり。

いつでも猫にいいことばかりしていたい」

そう病室で綴ったいずみ。こんなに小さな願いでいいなら、ずっとずっと叶えさせてあげたかったのに。

ぼくは「心を動かす猫」として、称えられたこともある。でも、本当に動かしたのは、いずみだ。いずみの生き方だ。いずみがいたから、ぼくは輝けた。いずみがいたから、子分の会ができた。いずみがいたからアーティストに愛されるギャラリーになった。

いずみがいたから……。

世界が美しかったんだ。みんなみんな、いずみがいたから……。

いずみは今、ぼくのとなりで微笑んでいる。ぼくたちの遺志を継いだ子分の会のメンバーたちは、飯舘村のボランティアを続けてくれている。ギャラリーも、素晴らしいアーティストたちが灯りをつないでくれている。ぼくらはここにいるよ。扉を開けて待っているから。いつでも、ここに来れば気持ちに触れられるんだから。

さらに大きく長く、世界中を巻き込んで。いずみとぼくの奇跡は、永遠に道を照らし続ける。

じゃ、2代目看板猫の錫之介くん、あとを頼んだよ。

Pussyfoot

ケンシロウ、2代目 リュウ、ケイジ

ナンバーワンホストだったオレ

Pussyfoot　東京都新宿区歌舞伎町 1-1-10　平日　20:00or21:00 ～　週末 19:00 ～

「強い《やさしい》男であれ」ホストの心得

急に降りだした雨で、春の空気が一気に冷えた。傘を持たない大人たちが街で右往左往しているあいだ、トモさんは、今夜はいつもより早く開店準備をする。お客さんが来るよ、と言って。そして予想どおり、第1号のお客さんがドアを押す。

あの頃の夜の一場面。懐かしく思い出す。ここは夜の社交場、ゴールデン街。

オレはケンシロウ。「プッシーフット」のマスター、トモさんの猫だ。そして、知る人ぞ知る、ゴールデン街のナンバーワンホスト。猫が好きじゃない人も夢中にさせたほど、美しいキジトラ模様をしていた。ずいぶん活躍したものさ。

当時の人気ぶりはすごいなんてもんじゃなかった。激しい、といったほうがしっくりくるかな。オレがドアの小窓から顔を覗かせるだけで、外で女子が歓声を上げたものさ。

席で香箱座りをすれば、みんなが笑顔になり、どんどん酒が進んだ。一触即発しそうな雰囲気の男性客が揃って笑顔になったのはオレの力によるらしい。別れ話をしているカップルが手をつないで帰るなんてザラだった。とにかくオレの人を癒やす力はハンパなかったってことさ。

誕生日にファンから贈られた猫缶。シャンパンタワーのように積み上げて記念撮影。

ありあまるカリカリはファンからの貢ぎ物。食べても食べても減らない。おもちゃのプレゼントもひっきりなし。オレの誕生日には、猫缶でできたシャンパンタワーが天井まで伸びたものだった。

楽しそうなお客さんたちを見られて、毎晩楽しかった。でも、トモさんの笑顔を見るのがいちばんうれしかった。トモさんがお客さんにオレのことをあれこれ自慢するたびに、くすぐったいような、誇らしいような、不思議な気分がしたものだ。

さすがのオレも、家に戻れば普通の猫になった。トモさんも同じようにマスターからひとりの男性の顔に戻った。

トモさんが兄さん、オレが弟みたいな感じ。ホントの話、トモさんとふたりでいるときがいちばん楽しかった。高いご飯が出なくても、キャーキャー言う人がいなくても。ただテレビを観て寛いでいるだけでも。

トモさんのことを話そう。

オレがこの世でいちばんお世話になった人だ。そして、ただひとり、家族といえる人。

トモさんは腕っぷしが強い。体を鍛えてるし、スポーツ万能でもある。休日は仲間と草野球を楽しむ。料理の腕もいい。お酒も強い。気が利いて話も面白い。無敵の強さなんだ。

在りし日のケンシロウの勇姿。容姿端麗。さすが一時代を築いた名ホストだ。

そんなトモさんなのに、すごく優しい。そして孤独だ。

オレは、トモさんに男というものを教わった。強さに裏打ちされた、慈悲と優しさが男の本質だって、身をもって知った。誰にも備わっているものじゃない。真似をして過ごしていたら、いつのまにかナンバーワンホストの地位がついてきたんだよ。

オレの名前はあの有名な世紀末格闘マンガの主人公からつけられたのは皆知ってるよね。でも、いちばんケンシロウに近いのはトモさんだと思う。オレの理想の男の姿だ。

出勤すると、「兄と弟」から「マスターとホスト」へ変わる。お酒を作り、時には料理をし、お客さんの話に耳を傾け、にこやかに頷く。マスターを尻目に、オレはお客さんの相手をする。

正直、構ってほしくない日もある。そんなときは奥の席でひたすら眠る。そんなオレを、マスターもお客さんも笑顔で見守ってくれるんだ。プッシーフットに集ってくるお客さんって、優しい人ばかりだった。深夜家に帰ると、またオレたちは兄弟に戻る。穏やかな毎日。ずっと続くと思ってた。でも、胸の痛みが気になりだしていた。

次の世代にバトンを渡す

オレとトモさんの物語のような日々は、オレの死によって幕を閉じ

（上）２代目看板猫のリュウくん。こんな悩殺ポーズにお客さんはメロメロだ。（左）営業部長のケイジと社長のリュウくんの２段ベッド。仲良しな２匹。寝相も同じ!?

た。7年あまりの人生。心臓の病気で為すすべがなかった。プッシーフットでホストを務めた日々は、ただただ充実していた。後悔は微塵もない。長生きをして介護が必要な体になっていたら、トモさんはオレのために大事な店を閉じてしまったかもしれない。それだけは避けたかった。オレにとってもプッシーフットは宝物だから。

通夜にはたくさんの人がオレの亡骸に献杯をしに訪れてくれた。泣いている人たちの中、トモさんは悲しみをこらえてあえて明るく振る舞っていた。そうだ、その男気がオレの大好きなトモさんなんだ、と頼もしく思った。本当はぜんぜん大丈夫じゃないんだ。仲間に囲まれていて本当によかった。

「ケンシロウがつないでくれた人たちがたくさん来てくれたよ。そして、彼らに支えてもらった。全部ケンシロウのおかげだよ。ありがとう」

トモさんの涙、オレがなめて拭ってあげたかった。

今も店と共に

時が経ち、現在プッシーフットでは2代目看板猫が活躍中だ。

リュウ（6歳）とケイジ（4歳）だ。白にキジトラ柄のリュウはなんとなくオレに似ている。社長と呼ばれているそうだ。真っ白なケイジは性格が優しく、酔ったお客さんを介抱することもある。営業部長

大好きなトモさんの手からカリカリを食べるケンシロウくん。添えた手がたまらなく可愛い。

ファンのお客さんたちによるケンシロウ写真集。今でも根強いファンを持つ。語り継がれる名ホストだ。

だ。そして、耳が聞こえないとは思えないほど、よく仕事をする。

リュウは常にケイジの面倒を見ている。2匹はとても仲がいいんだ。

オレみたいなホストとしてのカリスマ性はイマイチかもしれない。でも、トモさんを想う気持ちは同じくらい大きい。本当によかった。プッシーフットの看板猫にはいちばん大切なことなんだ。

リュウの名づけはあのマンガの最大の強敵《とも》の息子から。オレの死を乗り越えたトモさん。オレはもういないけど気持ちは店に残ってる。だから悲しまないで。

ずっとずっと、トモさんが大好きなんだから。

猫一同からユキさんへの手紙

Cherokee

アロハ、ハロー、
モモ、ミケ

Cherokee　東京都目黒区鷹番 3-3-3　18:00 〜 24:00　日曜定休

猫たちからの伝言

プロローグ

ユキさん、こんばんは。

僕はブー。ノラ猫だ。ユキさんに面倒見てもらって、いつもご飯を大きなキジトラに横取りされてる、グレーの小さな猫だ。あんまり印象にないかな。一度だけ「君はブーちゃんね」って話しかけられた。それからずっとブーって名乗ってる。

まずお礼を。いつもご飯をありがとう。気にかけてくれてありがとう。ずっと言いたかった。

「そんなのいいのよー。お礼聞きたいためにやってるんじゃないから」

そう言って照れるユキさんが目に見えるようだ。でも、本題はここから。もっと大事な、伝えたいことがある。だから猫が手紙なんて書いてるんだ。

今年のお盆はひどい夕立ちで雷もすごかった。僕は、避雷針に流れてゆく稲妻をびくびくしながら見ていた。まだ夕方の4時なのに空は真っ暗だったよね。それからまもなくぽっかりと雲が開いて、明るくなった。お天気雨に変わったんだ。入道雲の隙間から光が次々に射し

て、水溜まりには虹が映った。僕は楽しくなって飛び込んではしゃいだ。そのときだった。公園の奥が光った瞬間、閃光に包まれた、輝く猫たちが現れたんだ。

猫たちはそれぞれ、アロハ、ハロー、モモ、そしてミケと名乗った。ミケが一歩前に出て、こう言った。「ユキさんに伝えたいことがあるの」

僕はハッとした。今日はお盆だ。この猫たちは……。表情は真剣だった。言葉をもらさないよう、僕は以前から練習していた人間語で書き記していった。

1・アロハとハローより

僕がユキさんの店の裏で休んでいたときのこと。勝手口から顔を出したユキさんとバッタリ目が合った。驚いて固まった僕に「やあ、黒猫くん」と笑顔で声をかけてくれたよね。すごく自然に。僕はついつられて室内に入ってしまった。そしてそのままユキさんの猫になった。

当時、ハワイにハマっていたユキさんは、僕を「アロハ」と名づけた。その後まもなく白猫がやってきて「ハロー」と名づけられた。女の子だ。僕らは店で暮らすようになった。

ユキさん憶えてるかな。定休日の事件のこと。ユキさんは仕入れやなんやかんやで大忙し。定休日に店に来ることはなかったんだよね。

猫たちとの大切な思い出をしみじみと語ってくれたユキさん。常に猫と人がまわりを取り囲む。猫に選ばれ続ける半生とは。

なのにあの日は、たまたま店の前を自転車で通って、ドア越しに僕たちを見て手を振ったんだ。実はそのとき、店では大変なことが起こってた。

僕とハローは必死で叫んだ。

「ユキさん！　助けて！」

「コンロの火がついたままだよ！」って。

いつもと違う僕たちに、何かあると気がついたユキさんは店の中へ。そうして無事、火は消された。もしユキさんが偶然店の前を通らなかったら……と思うと怖くなる。無事でよかった！　と僕たちを抱きしめてくれたのを忘れられないよ。

「火事にならずにすんだのは、この猫たちのおかげなのよ」

散々お客さんに自慢。ちょっと照れちゃったけど、僕もハローも、ユキさんに恩返しができたと思ったんだ。でもある日、ふらりと外に出て車に轢かれてしまった。僕らは自由気ままな性格だから……。勝手なことばかりしてユキさんを悲しませてごめん。こんな人生でも、この出来事だけは僕の誇れる一点の星なんだ。

ユキさん、ありがとう。ずっと空から見守ってる。ハローと一緒に。

人に馴れず姿さえ見せない猫たちが、ユキさんの前にはひょっこり顔を出す。左は思い出の猫、ミケの在りし日の姿。

2・赤トラ　モモより

ユキさん、久しぶり。モモです。2代目のほう。「チェロキー」に突然押しかけたおいらを、ユキさんはすんなり受け容れてくれたよね。先代のモモっていう猫と同じ赤トラで、強いボス気質っていうのもおんなじだからって、同じ名前にされてしまった。ちょっと安直じゃない？　気に入ってたけどさ。

おいらは界隈のボス。地域をパトロールするという大仕事もあった。だから看板猫として店でじっとしているわけにはいかず、気ままに出たり入ったり。

そんな日々が続いた、ある日。店を覗いたら、見たことのない猫が看板猫よろしくデンと居座っていたんだ。お客さんに撫でられてデレデレしてさ。おいらが留守にしている隙に入り込んだ、あの憎い奴。白黒ブチの不細工で大柄な猫。来る者拒まず去る者追わずのユキさんだ。おいらが焼きもちを焼く筋合いはなかった。だから、黙って身を引いたんだ。おいらにもボスのプライドがあった。仲良く家族ごっこは、ごめんだ。

でも、やっぱり気になった。だから遠くから見守ることにした。しっかり者に見えて、おっちょこちょいで感激屋のユキさん。元気にして

ユキさんの元に集まってくる猫たち。「おかげで今日も1日、元気で過ごせたよ」お礼を言うような表情が印象的だ。

いるだろうか。悪い人に騙されていないだろうか……。

その日も電柱の陰に隠れてチェロキーのあたりをパトロールしていた。真夏の暑い夜のことだ。雨が降りだして、商店街が一気に涼しくなった。恵みの雨だぜ、なんてつぶやきながら次に向かおうとしたときだった。慌てた様子のユキさんが、お客さんと5人くらいで店から出てきた。手にはモップを握っている。

「店の横にモモちゃんが死んでるの！　濡れたらかわいそうだから、こっちに動かしてほしいの」

ん？　おいらはここで生きてるが……。

「あら、それは大変。手伝うわ」

近所の花屋さんも出てきて大騒ぎ。店の前は、ちょっとした人だかりができていた。チェロキーの脇道は猫は通れても、人は入れない。だからモップを使おうとしているらしい。

よいしょ！　よいしょ！　と掛け声が聞こえる。

まもなくソレが引きずられて出てきた。正体は……大きな埃の塊だった。呆気に取られる一同。ずっこける人も。そりゃそうだ、おいらはここでピンピンしてるんだからな。

「なにこれー！　猫じゃないじゃない！」

「ユキさん、おっちょこちょいだなー！」

「アハハハハ！　飲みなおそうぜ」

人だかりは散り、皆は店に戻っていった。ひとり呆然と立ち尽くすユキさん。会いにいかなくちゃいけない。無事を知らせなきゃ。おいらはユキさんに近づいて声をかけたんだ。

「モモちゃん‼」

おいらを見て嗚咽するユキさん。突然いなくなってごめんよ。心配かけてごめんよ。おいら、ここには戻れないけど、元気でいるから。だから、ユキさんも元気で笑っててほしいんだ。

心でそう伝えて、おいらは再び旅に出た。そして寿命を迎えた。虹の橋のたもとから、今でも見守っているんだぜ。

3・ミケより

久しぶり、ユキさん。わたしが24歳でこの世を去るまで、本当によく面倒を見てくれました。ありがとう。わたしもみんなと同じ、押しかけ猫だったわね。

ユキさんのことは、おかあさんというよりも、同志だと思っていたわ。ユキさんがつらいときは顔を見ればすぐにわかったものよ。うれしいときは一緒に喜んで。楽しい毎日だったわ。

ユキさんが地域猫のボランティアをはじめて、もう15年経つわね。はじめたきっかけは、猫が好きだったからじゃなかったのよね。時間

24年間を共にした、特別な猫ミケちゃんのアップ写真と。孤高のノラだったが、ユキさんにだけは甘えた顔を見せることもあったのだ。

があったわけでもない。ただ気がついてしまった。早朝と夕方、前と後ろにたくさんの猫のご飯を括りつけた自転車が店の前を通ることに。そして知ってしまった。そのおばあさんが、ひとりで地域の猫の面倒を見ていることを。

体調を崩したおばあさんの願いは、猫たちの幸せ。それを叶えるためにユキさんは立ち上がった。跡を継ぐことにしたのよね。それ以来、ボランティアを続けてきたユキさん。15年のあいだにいろいろ状況も変わったわよね。ライブハウスもオープンして、店は2軒に。お母さんの介護もはじまった。相変わらず自然食の研究も続けてる。

わたしは、自分のことより人のことを心配する優しいユキさんがとても心配。だからね、わたしからのお願いは「無理しないで人に甘えて」ってこと。虹の橋を渡っても、わたしたちは同志なんだから。ユキさんが悲しいときは、わたしも悲しい。うれしいときは、もっとうれしい。憶えておいてね。

エピローグ

猫たちからのメッセージは手紙にして、封筒に入れた。これからチェロキーの赤いポストに届ける予定だ。ユキさん、読んだらどんな顔するだろう。僕は仲間と近くで見守ることにするよ。

「糟糠の猫」ナドさん

蟲文庫

ナド

蟲文庫　岡山県倉敷市本町 11-20　11:00 頃～ 19:00 頃　不定休

古本屋の猫になって

わたしは「蟲文庫」の1代目の飼い猫でした。この世（わたしのいる場所から見るとソチラの世ですが）を去ってもう8年になります。

蟲文庫は、岡山県の倉敷市にある古書店です。店主の若い女性（美穂さんという）が１９９４年に始めました。その後、２０００年に古民家を改造した今の場所に移転。現在に至ります。いつだったか忘れましたが、美穂さんが話していたのを聞きました。

「古本屋に似合うのはやはり猫だと思うんです」

そう。いつか猫を飼ってみたいと思っていた夢を、店を持ったこのタイミングで叶えることにしたのですね。そこで、友人宅で産まれたばかりのわたしがもらわれてくることになりました。そしてナドさんと名づけられました。わたしはすぐに美穂さんと仲良くなりました。

美穂さんは、なんていうか不思議な人で、わたしと心で会話ができる唯一の人間でした。猫だけでなく、鳥や亀やアメンボ、そして苔などの植物との会話を楽しんでいるような人でした。

わたしは看板猫でしたが、同時に同志でもありました。お店が軌道に乗るまで、ふたりで励まし合ってここまで来ました。今では立派な有名店になりました。

仕事をしていてふと気がつくと、どこかからやってきた猫がこちらを見ていることもあるのだそう。猫はいつでも自分で行き先を決める。

出勤時には、自転車に乗る美穂さんの、そのまた肩に乗って通ったものです。道中の風景の美しさといったら！ 人と心が通じることの幸せを、はじめて知ったのでした。わたしにとってこの世の春だったのです。

わたしは自慢ではありませんが、キジトラ柄に少々赤みがかった被毛ということで、なかなか美しいタイプの日本猫といえます。その上、ぽっちゃりした体形が親しみやすく、まあひとことでいえば「愛らしい」容姿を持っていました。蟲文庫にわたしがいるときの様子といったら、一枚の絵画のようにぴったりとハマるのです。誰もが「可愛い」と口を揃えて言うのでした。

本の中にいたわたし

当時わたしは古本たちを、ただのモノ、自分を装飾する背景だ、くらいに考えていました。若い時期にありがちな、無知ゆえの思い上がりだったかもしれません。美穂さんがわたしを一人前に大切に扱ってくれたことも増長の一端を担いました。ただただ、幼かったのです。

具体的にどんなことをしたのかは以下のとおりです。

・積んである古本（商品）で爪とぎをした。

・昆虫や小動物、ハトなどをくわえて持ち帰り店内に放った。

店主に助けられ、その後しばらく看板猫も務めた三毛猫のミルさん。赤い首輪がよく似合う、人気者だった。

ひどいと思われましたか？　わたしも今ならひどいと感じます。背表紙にひっかき跡がついた本は、１００円の値下げコーナーに移動です。しばらくはそんなわたしの横暴にも「猫だから」ということでお咎めはありませんでした。しかし、美穂さんが悲しい顔をするのはさすがに気になります。やっと手に入り、店に出せるとワクワクしていた本が意に反して傷つけられ、特売で売られてゆくのです。うれしい顔をするわけはありませんね。さらに、安く買った人が喜んでいるかというとそうでもないのです。傷を残念だという人もいました。

あるときわたしはいつものように本で爪をとぐ前に、レジで作業をしている美穂さんをチラリと見てみました。すると驚いたことに、彼女もわたしを見ていました。予想外に目が合って固まっているわたしを前に、真剣な声でこう言いました。

「ナドさん、私はあなたが大切です。呼び捨てにしたこと、ないでしょう。でもね、ここにある本たちも大切なのよ」

「……」なんと答えていいかわからず、次の言葉を待ちました。

「あなたは古本屋の猫。本を尊重して」

そう言って何冊か本を開き、わたしの前に並べて置きました。見てみなさい、ということでしょう。本に囲まれて生活しているので、多少の文字は読むことができるのですが……。

「……などは」、「等々」、「〜など」……。どの本にも、だいたいわた

（上）古本と猫、そして古民家の贅沢な組み合わせ。看板猫がいない現在も、やはり猫に好かれるのか、寛ぐ猫の姿が。（左下）在りし日のナドさん（手前）とミルさん（奥）ふくふくした体つきが可愛い２匹。「難しい本を読んでいたら眠くなっちゃったよ」

しの名前「ナド」の記述が見つかりました。

どの本を見ても、わたしがいるのです！　美穂さんの思いが全身を駆けめぐり、ついにわたしは理解したのでした。

蟲文庫は美穂さんの好きな本でできている。本を見て時折微笑むのは、本と会話していたから。本の中にわたしもいる。人に届けるまでが美穂さんの仕事……。このときでした。蟲文庫という場所を守ることが、美穂さんを愛することだと気づいたのは。

美穂さんと過ごした時間

それからは、すべからくとなりのダンボール製の爪とぎを使用するべきだと判断し、実践いたしました。美穂さんは大層喜び、えらいえらいと褒めてくれました。

狩りをすることは残念ながらやめられませんでしたが、獲物は控えめに昆虫類にとどめました。

それ以来、わたしは図に乗ることはありませんでした。看板猫の自覚が芽生えたからです。そして、好きな人が喜ぶとなんだかうれしいと気づけたからです。わたしは大人になりました。

しかし残念なことに、看板猫を続けるには至りませんでした。神経質な性格が災いして、閉店後にぐったりと疲れてしまうのです。もと

もと完璧主義なところがありましたから、看板猫としての在り方にもこだわりを持って取り組んでいました。しかし度が過ぎました。美穂さんはそこまでは求めていなかったと思います。店が混んだときなどにテンパるわたしに「あなたは好きにしてていいのよ」と言いました。「もっと気を楽に」ともアドバイスされました。なのにわたしはどうやって楽にこだわりをこなすかを考えてしまう始末なのです。とうとう美穂さんは「家にいなさい」と言いました。

美穂さんがわたしのためを思って言ってくれたのは理解していました。でも、看板猫を引退するのはなんともいえない悲しみを伴いました。そのときはっきりわかったのです。自分も蟲文庫の一部だったということを。自覚してからは、すんなりと引退を受け容れることができました。幸いにも、店にはあとから来たミルさんという三毛猫がいました。それはもう看板猫をするために生まれてきたかのような愛想のいい猫です。そろそろミルさんに任せてもいい頃でしょう。

家にいるようになってからは、17歳で天からお呼びがかかるまで実にのんびりと過ごせました。

空に虹がかかると、渡って下界へ降り、店を覗くことがあります。先日は、仕入れたばかりの本を見た美穂さんが、クスリと笑みを浮かべているところを見たのです。

本にはどこぞの猫がつけた爪痕らしきひっかき傷がありました。

Chapter

2

いつも となりにいる 君へ

天国からの素敵なおくりもの

紫光庵

みーちゃん（みなみ）

紫光庵　現在は店舗営業していません。

「この子と生きていこう」

桜で有名な世田谷・桜新町。駅から美術館まで続く商店街、通称サザエさん通りにある「紫光庵」で、わたしと美奈子ねえさんは出会った。店先で鳴いていたわたしを見つけたねえさんは、大慌てで抱き上げ、店の中に入れてくれた。そのときのわたしは泥まみれ鼻水まみれ。小さな体に大きなゴミまでぶら下げていた。すぐにも死んでしまいそうに見えたんだって。

人に触れられたことがなく、外の世界しか知らなかったわたしは大パニック。店内で走りまわり飛びまわった挙げ句、せまい隙間に閉じこもってしまった。

外に出そうと差し出すねえさんの手を、思いっきりガブリ。噛んだりひっかいたり、ねえさんは傷だらけ。弱っていたはずなのにパワフルな抵抗ぶりだったみたい。

ねえさんは、タライにぬるま湯を張って、わたしを足から入れ、撫でるようにそっと汚れを落としてくれた。

安心して、ねえさんの手の上ですーすーと小さな寝息をたてるわたしをタオルで包み、座布団の上に寝かせて、しばらく考えてから、「この子と生きていこう」と決めたんだって。

小上がり席での１枚。きな粉をまぶしたような品のある三毛柄が和の雰囲気にマッチしていた。

大好きな美奈子ねえさんに抱っこされて。ふたりでひみつのお話、これからもたくさんしようね。

紫光庵はお抹茶を気軽に楽しめる「和カフェ」。倉敷市出身のねえさんがこだわった小京都倉敷風の店構えも洒落ていると評判だ。わたしは「みなみ」と名づけられ、ねえさんの「妹」になった。

はじめての家族だ。姉と妹のふたり暮らし。夜は一緒のお布団で寝て、朝になるとわたしが入ったリュックを赤ちゃん抱っこのようにして店に出勤する。

桜新町の桜は八重桜。ソメイヨシノやほかの桜より半月から一カ月、遅れて花が咲く。新芽が出るのと同時に満開になるのも特徴だ。

「新芽の準備ができるのを待ってからよーいドン！　で咲くのよ。開花は遅いけど力を秘めて秘めて、そのぶん大きく艶やかに咲く桜なの」

ねえさんが出勤途中、話してくれた。わたしは春が楽しみになった。

看板猫の仕事はとても緊張したけど、ねえさんと一緒にいられるならとがんばった。

でも、どうしても嫌なことがある。我ながら頑固な性格だと思う。

そして飽きっぽい。乱暴に触ろうとするお客さんには謝られても二度と近寄らない。わたしを囲んでお客さんが盛り上がっているときも、飽きれば抜ける。戻ってきてと言われても無理。

ねえさんは「ごめんなさいね、頑固な子で」と笑顔で言うけれど、ぜったいにお客さんのところに戻したりしない。わたしを守ってくれる。

「私も頑固だからわかるよ。姉妹だから性格までお揃いなのね」

手作りのさくらようかんのほかに、みーちゃんの顔を模した三色あんこ（白あん・きなこあん・黒ごまあん）入りの〝みけねこもなか〟は大人気だった。

ねえさんはそう言ってわたしを抱きしめた。

夏から秋へ、出会いと別れ

たくさんのお客さんに囲まれて、楽しい日々を送っていた夏のある日。大柄な男のお客さんがやってきた。この通りを歩いていて、店の中にいたわたしを見つけて訪ねてきてくれたんだって。

「抹茶のかき氷！」

注文した声が大きくてわたしはびっくりした。苦手なタイプかもしれない。わたしは警戒した。でも、来店するたびにわかってきた。彼はぶっきらぼうだけど、照れ屋で心の優しい人なんだって。わたしは彼が来るとうれしかった。だって。ねえさんが、とっても楽しそうに笑って話すから。

彼は毎日のように店に来るようになった。ほかのお客さんとも仲良くなったみたい。

最近のねえさんは笑顔でいることがぐんと増えて、すごくきれいになった。でも、お休みの日はどこかへ出かけることが増えた。部屋にひとりでいると、正直さみしい。今まではわたしのことだけ、見ててくれたのにな……。

桜新町に落ち葉が舞う季節がやってきた。気がつけば、あの彼が姿を見せなくなっていた。夜、店を閉めて家に戻ると、ねえさんは泣くことが多くなった。毎日あった電話もいつのまにかなくなっている。店では相変わらず笑顔だけど、無理しているように見える。体調を崩して店を休むことも増えた。

休みの日は、再びわたしと過ごしてくれるようになった。一緒にいてくれるのはうれしい。けど……。泣いてばっかりのねえさんを見ているのは、妹としてつらい。わたしにできること、あるかな？

ある日の午後。ねえさんが窓の外をぼんやり見ながら、ポツリとつぶやいた。

「みー、彼ね、もう私に会いたくないんだって」

わたしは、ねえさんの肩に両手を乗せ、ねえさんの顔を正面から見た。そして、落ちる涙をぺろりとなめ取った。

「ありがとう、みー」

ねえさんは喜んでくれた、と思う。でもなんでだろう。もっと激しく泣きだしてしまった。わたしはその夜、朝までねえさんの横から離れなかった。

しばらくそんな日々が続いた。ねえさんに本当の笑顔が戻ったのは、桜の木がすっかりと丸裸になった頃だった。わたしは体がまあるく

なった。猫の冬支度だ。コート代わりに被毛が濃くなるんだって。

それは、ねえさんの友達がやってきたときだった。

「いらっしゃーい」

「寒い寒いー。ここはいつもぽかぽかだねえ。みーちゃんもすっかり丸くなって」

太ったんじゃないのよ！　毛が分厚くなっただけだってば！

「美奈子、話って何？」

「んー。実はさー、紫光庵を閉めようと思うんだ」

「えー！　なんでよ？」

ねえさんは、すっきりした表情だった。「びっくりしないでよー」と笑いながら、今年は開店10年目で、もともと10年限定で店をやろうと思っていたこと、週1日の定休日も仕入れなどで休めず、体が疲れきっていること、次は地域の子どもたちのための仕事がしたいと思っていることなどを説明した。わたしも香箱座りで聞いていた。

「開店してさ、店が軌道に乗るまでが大変だったなあ。石の上にも3年だから。ぜったいに3年はがんばるって決めてたの。でも、1年半経ってもぜんぜんお客さん増えなくて」

「本当に。よくがんばってたよね」

「そしたら突然みーちゃんがきたの。姉妹で、相棒で、パートナーで。いつも私を励ましてくれた。そんなみーを飢えさせるわけにいかな

現在のみーちゃんと美奈子さん。より自然体になった表情から、毎日の穏やかで幸せな生活ぶりが読み取れる。

いって歯を食いしばって。だから目標どおり、10年がんばれた」

……知らなかった。ねえさんがそう思ってがんばっていたこと。

「商店街で、たくさん店があってさ。どうしてみーはここを選んできてくれたんだろうって考えたら、不思議でしょうがなくて。でも、あるとき気づいたの。みーは天国のお母さんからのおくりものだったんだって」

「お母さんから？」

「そう。中学生のとき亡くなったの。すごく優しい人だった。ひとりで困っている私を放っておけなかったんだと思うの」

「そっか。みーちゃんってすごいね」

「うん。すごいんだー」

そういえばわたし、なんで紫光庵にきたんだっけ？　忘れちゃったけど、もしかしたら、ねえさんのお母さんに頼まれたのかもしれないな。それとも、うんと昔、ねえさんのお母さんだったのかも……。

春がつれてきたおくりもの

しばらくして、紫光庵の閉店パーティが行われた。地域の人たち、常連さんたち、そして通い続けてくれたわたしのファンが多数駆けつけてくれた。皆、閉店を残念がってはいたけど、ねえさんとわたしの

新しい門出を笑顔で祝福してくれた。

あれから3年。今、ねえさんは自宅で地域のコミュニティカフェを開いている。訪れる老若男女のお客様をおもてなししたり、おしゃべりをしたり。相変わらず忙しい日々だけど、以前よりも元気そうだし、充実してるみたい。

わたしはといえば、コミュニティカフェに参加して皆と遊んだり、窓から桜の木を眺めたり。優雅な家猫生活を送っている。

3年経った今でも、わたしあてにファンレターが届く。楽しかったな、と看板猫だった日々を懐かしく思い出す。

桜新町はもう春だ。八重桜もじきに咲くだろう。

まるでねえさんのカフェのよう。人々が集うさまは満開の八重桜。大きな花を咲かせる木から、小さな花びらたちが笑顔で舞っていく。そうか。ねえさんは夢を叶えたんだ。桜はもう咲いていたんだ。そう、ぼんやりと考えていたそのとき、目の端に映るものがあった。

「みーちゃん、何見てるの？」

わたしが庭の桜の木をじっと見つめているのを不思議に思ったねえさんが聞いた。

「誰かいるの？　もしかしてお母さん？」

そこにはもうすぐ満開になる八重桜の木の枝が「美奈子をよろしく」とでも言うように優しく揺れていた。

新橋の夜、てまりに集う猫と大人たち

てまり

パンツ、はる、こつぶ、チマほか

てまり　東京都港区新橋 2-9-11　18:00 〜 23:00　日曜祝日定休

大好きなホッケを求めて

新橋。夕方6時過ぎ。マスターが暖簾をかける。赤茶色の子猫たちがあとをついて店先に顔を出すが、すぐに店内に戻っていった。

今頃カウンターの上いっぱいに、おかみさんが作った大皿料理が並べられていることだろう。毎日、仕込みに5時間かかっているという、手の込んだ料理たちだ。外までいい匂いが漂ってきている。今夜のメニューはなんだろう。わくわくしてくる。

さて。暖簾をくぐるとしよう。

「いらっしゃい。カウンターでいい？」

後ろのハンガーに上着をかけ、いちばん右側の席に座る。いちばん乗りの特権だ。奥の小上がりにいる子猫たちに目をやる。

「生でいいわね」

おかみさんが冷えたジョッキを取り出しサーバーにかざす。のどが鳴る。1週間ぶりの生ビールなのだ。まずはひと口。のどの奥ではじける泡が、ベルのように夜のはじまりを告げる。貴重な夜なのだ。今日は思いっきり楽しもう。

立ち上がって右端から左端まで並んだ大皿の料理をチェック。野菜、肉、魚料理がバランスよく並んでいる。

小上がり席の隅には甘えて眠る子猫と愛おしそうに見つめる母猫が。ぬくもりを求めたキジ柄があいだに寝そべる。

「マスター、筍のおかか煮ね」

笑顔で頷くマスター。見栄えよく皿に盛ってゆく。

「今日のホッケは肉厚でジューシーで、おすすめですよ」

「そう。じゃあ、もう少しお酒が進んだらもらおうかな」

「わかりました。時間かかるので、今から焼いときますね」

「お客さん、ホッケ好きだもんね。今日はいいのがあってよかったわ」

2杯目のジョッキを運んできたおかみさんがにっこり笑って言う。

筍をつまんでいると、ひとり、ふたりと客がカウンターを埋めてゆき、開店30分後には店は満席となった。

「はい。ホッケね」

焼き上がった肉厚のホッケが運ばれてきた。うっとりと箸をつけようとしたとき、

「ごめんなさい。ホッケ売り切れなのよ」

おかみさんがカップル客に断りを入れている。早めに頼んでおいてよかった、と熱々のホッケを箸でほぐしながら思った。

「ちょっと食べますか?」

残念がっている小上がり席のカップルに声をかけてみる。手をつけていない部分を小皿に盛って渡す。

「わあ、ありがとうございます。いただきます」

カップルの男性がうれしそうに受け取った。「てまり」では、こう

（上）窓を開けるとお客さんが登場。親戚なのか、柄が似ている猫も。（右）トロンとした表情が可愛い。てまりの猫はみんな性格が穏やかだ。

いうやり取りが楽しみのひとつでもある。

そろそろ夜も更けてきた。「時間だわ」と、時計が10時を指すのを見て、おかみさんが窓際の大皿にザララーッとカリカリを流し込む。大量だ。すると、次から次へ猫が集まってくる。窓から入ってきたり、テーブルの下に隠れていたのが出てきたり。その数ざっと14匹。

「おや。1匹足りないぞ」マスターがつぶやいた。

店内は相変わらず満席だ。ひとり出たらひとり入ってくるといった按配で3分と席が空かない。料理はどんどんなくなっていく。ある男性客はおかみさんの酢豚が売り切れていたことに落胆していた。日本酒をチビチビやりながら、となりの客に酢豚の美味しさを語っている。話しだすとさらに食べたくなるようで、次はいつ作る予定なのかをおかみさんにしつこく聞いていた。

ある客は根っからの猫好きらしく、てまりに通う猫たちの性格のよさをスマホの写真を見せながら語っていた。てまりを愛する客たちは陽気だ。そして猫たちはあたりまえのように自由に寛いでいる。おかみさん、マスター、そしててまりに集う客たちを信用しているのだ。

人も猫も、そして……

ああ、そうだ。思い出した。

はじめてきたお客さんの膝に甘える、人懐っこい茶トラ猫。猫が好きな人は見分けられるんだ、という表情。

常連さんも猫に優しい人ばかり。大好きなマスターに抱っこされると、とたんに甘えん坊の顔に。

母と妹と共に、新橋を彷徨った日々。お腹を空かせたおれと妹は、もう歩けないと弱音を吐いて母を困らせた。てまりの前で座り込んだそのとき、マスターがおれたちを見つけた。

マスターはカリカリを入れた皿を黙っておれたちの前に置いた。おれと妹はむしゃぶりついた。何日かぶりのご飯だった。

翌日。母はまた、てまりにおれたちを連れてきた。おれたちに気づいたマスターは、奥でカリカリの用意を始めた。おれと妹は待ちきれず、つい店の中に入ってしまった。

マスターは追い出すことをしなかった。少し笑って、おれたちの前に皿を置いた。おれたちは夢中で食べた。気がつくと、母は外で待っていた。

「お前は入らないのか」

マスターは母の前にも皿を置いた。母はゆっくりと食べていた。

次の日もまた次の日も、おれたちはてまりに通った。おれと妹は店内で、母は入り口でご飯をもらい食べた。あるとき、おれと妹はそのまま帰らずにてまりに泊まった。はじめてのあたたかな寝床だった。

次の日、迎えにくると思っていた母はこなかった。近くで事故に遭って死んでいるのが見つかったのだった。母は言っていた。

「ありがたい、ありがたい。お前たちがお腹いっぱいになるなんて、本当にありがたいんだよ。あたしは、それだけで胸がいっぱいなんだ」

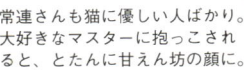

おかみさんの肩にちょこんと乗せた両手が可愛い。楽しい猫の話で盛り上がる店内。こうしててまりの夜は更けていく。

そうだ。母は自分の立場をわきまえていた。だから最後まで店の敷居は跨がなかったんだ。

「お前らの母さんは、誇り高い猫だったよ」

マスターが、おれを撫でながら言った。

猫と酒と人が交差する店

それ以来、おれは決めた。てまりを守っていくって。

だからたまに人間の姿になって、店内をパトロールする。おかみさんとマスターに絡む客がいたら容赦しない。でも、今のところそんな客は現れていないけどね。

「マスター、ご馳走さま」

会計をして外に出ると、丸い月が光っていた。母のきれいな目に似ている。気持ちのいい、いい夜だ。

さて、少し新橋を散歩したら、猫に戻って窓から帰ろう。看板猫としての仕事が残っている。そうそう、カウンターにはほかにも猫が化けた人間がいたようだ。猫と酒を酌み交わすことができる店はそんなに多くはない。

今夜も、てまりで待っているよ。

100円ショップ「そのう」

なると

なるとくんと店長の幸せな1日

100円ショップ「そのう」東京都足立区千住3-33　10:00～21:00　無休

AM9時　朝はブラッシングから

朝食をすませ、家族にエレベーターを呼んでもらい、ひとりで颯爽と乗り込む。1階に着いたら、姿勢よくすっと降りる。

店は開店したばかり。スタッフがあわただしく動いている中を、巡回パトロールする。

よし、今朝も変わりないようだ。外は雲ひとつない青空だ。本日も混むと思うが従業員の皆、がんばってくれたまえ。

(店長！　店長はどこにいる)

「はいはい。ブラッシングね」

(おお、そうだ。行くぞついてこい)

「すいませーん、ハンカチどこですか」

「あ、こちらです」

店長は女性客を案内して奥へ。店長を追いかける。

「なると、先に行ってて。すぐ行くから」

「ちょっと店長、これなんだけど……」

今度はスタッフに呼び止められた。開店直後はいつもこんなふうに忙しい。仕方ない。定位置で待とう。

「なるとー。お待たせ。ブラッシングしようね」

夏の暑い日。なるとくんのために造られた店先の涼しげなゆったりスペース。

江戸四宿の１つ、千住宿の「本陣跡」がぼくのお家だよ。

ブラシ片手に店長がやってきた。遅かったじゃないか。そしてタイミングが悪いな。こちら絶賛接客中だ。

「可愛いですねー。なるとくんっていうんですかー」

若いカップル客の女性に後頭部を撫でられているところだ。

「そうなのよー。ほら、ここに柄がね、渦を巻いてるように見えるでしょ。だから〝なると〟なのよ」

「そうなんだー。やーん可愛いー」

そう。名前の由来だけで喜ばれるのが、実力ある看板猫というものだ。すると今度は男性のほうが聞いた。

「耳がカールしてるってことはアメリカンカールですよね」

「そうですよー。耳がこう、外に向かってカールしてるから、埃がくっついて痒いみたい。だからね、こうやって」

耳を広げて、優しくブラッシング。もう片方の耳も同じようにブラッシング。うん、気持ちいいぞ。次は後頭部、背中の順でよろしく頼む。

「お目々つぶって、気持ちいいのね！」

「これ、毎日やるんですか？」

「毎日どころか、1日5回以上はやらされるわね」

「5回ですか……」

「今日もこれで2回目なのよ」

うふふ。だって、店長のブラッシング気持ちいいんだもん。

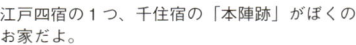

毎日ぼくに会いにきてくれる人も、遠くから会いにきてくれる人も、ぼくのファンはたくさんいるよ。

PM1時30分　お昼寝は必須！　でも……

やっと嵐が去った。お昼休みに買い物をすませようと、近所の会社に勤める人たちが押し寄せるので、お昼どきは1日の中でもっとも忙しいのだ。１００円ショップは数あれど、ウチみたいに品揃えのいい店はあまりない。その上、最高に可愛くて賢い看板猫がいる１００円ショップなんて、世界広しといえどきっとここだけだろう。ウチが人気店なのはもはや必然だ。

スタッフは今から交代で昼食を取る。ぼくはひと足お先にご飯を食べた。そろそろ昼寝の準備に取りかかろうと思う。今日は風が吹いて涼しいし、店で寝ることにしよう。店長に伝えなければ。

「はいはい。昼寝するのね」

店長は作業を中断してやってきた。夏に向けて売り出す新商品をダンボールから出しているところだったらしい。

店の中央の台の3分の2がぼくのスペースだ。クッションの上に載って、いい感じになるように横向きに寝転んだ。店長はぼくの姿勢が決まるのを待ってから、ゆっくりと背中とお腹をさする。この安心感が、ぼくを安眠に導くんだ。

ゴロゴロ……。おやすみなさい、店長。

ここはもともと「当店のイチオシ」コーナーだったんだ。でも「イチオシ」はぼくだから、商品をどけて陣取ったんだ。文句ないよね？

「カシャ、カシャ」

携帯のカメラ音で目が覚めた。ファンが寝顔を撮っていたようだった。「起きたぞ」「可愛いなあ」男性客がまわりを囲んでいる。うーん。まだ寝足りないな。少しうるさいし、上で寝ようかな。

「はいはい、どうぞ」

スタッフを呼んでエレベーターのボタンを押してもらった。そのとき、後ろから「なるとくーん」と呼ぶ声がした。仲良しの女の子だ！　開いたエレベーターには乗らずにくるりと定位置に戻りごろんと寝転がった。もちろん仲良しの女の子に撫でてもらうため。

「店長。なると、上に行こうとしてエレベーター呼んだのに、女の子のファンが来たら、いそいそと戻ってきたのよ！」

見ていたスタッフに言いつけられた。恥ずかしいー。ぼくだって男の子だ。可愛い女の子が好きに決まってるよーだ！

ＰＭ８時40分　看板猫の１日はまだまだ続く

お客さんが少なくなってきたので、店長とスタッフは新商品の陳列を始めた。店の正面真ん中の台だ。

「でもさあ、なるとってすごいですよね。ここを気に入って、並んでた商品落っことしてまで自分のスペースにしたんですよね」

さて、そろそろ宿場町通りのパトロールに行こう。ぼく、警察署のポスターにもなったことあるんだよ！　ぼくの町に、君も来てよね。

「そうそう！　ここからここって」

「広さも自分で決めて。堂々と定位置にして」

「うん。ここからお客さんを呼び込むという」

「本当の招き猫ですよね」

ぼくは寝たふりをしてたけど、ふたりの声は聞こえてた。

「店長のこと、すっごく好きですよね、なると」

「うふふ、そう？」

「なるとについていけば、店長に会えるって有名ですよ」

「うん。確かに、ついてくるよ」

「目、見えてます？」

「あんまり見えてないと思う」

……バレてたのか。

「今年で16歳ですもんね。高いところにも登らなくなったし……」

「そうなの。だから、一緒に店で過ごす時間を大切にしたいと思ってるの」

「そうですね……」

「さあ、終わり。レジ締めて、帰ろう」

店長はぼくを抱いて店のシャッターを閉めた。今日はこれで閉店。

明日も、その次も、またその次の日もきっと忙しい。明日も、その次も、またその次の日も、きっとずっと一緒にいるんだ。大好きな店長と。

復興猫

ラムセス

復興猫として生きる

谷中 chete　現在は店舗営業していません。　© RIASO.

熊本大地震が起きて

その夜、ぼくはソワソワしていた。気持ちが急《せ》いて落ち着かなかった。何度も部屋を行ったり来たりして、兄さんに不思議がられた。

熊本の春は2年目になる。すっかり慣れたぼくは、南阿蘇が好きになっていた。ほかの場所はあまりよく知らないんだけど。ゆっくり進む時間の流れ。澄んだ空気。スケールの大きな見晴らしのいい世界。美しい土地。兄さんとの生活は楽しい。それに、ご飯もおいしい。

とにかく、その日の夜がいつもと違うのを感じていたんだ。何かおかしい……。と、そのとき。

ダン！　と大きな地響きがして、ゆさゆさと部屋が揺れはじめた。棚から物が落ちてゆく。反対側の本棚が倒れた。音に驚いてしっぽが逆立つ。揺れは次第に大きくなっていく。足元がふらつく。怖い！

これだ！　これの予感がしてたんだ。

「ラム！」

兄さんが叫ぶ。ぼくを抱き上げる。

「やばい、出よう」

兄さんは急いでぼくをケージに入れ、バッグを手に取り外へ出た。

「これは大変だ、ラム」

兄さんに抱っこされるラムセス。熊本にすっかり馴染んでいる様子。

真っ暗闇の中、南阿蘇の広大な大地が、木々が、畑が、森が、山が、踊っているようにうごめいていた。

大地という名の手のひらの上で、ぼくらは揺らされ、為すすべもなかった。大地がうなるような声を上げる。何が起きているのかわからないけど、大変なことが起きているのはわかった。兄さんは僕を助手席に乗せ、実家へと走った。

兄さんの故郷・熊本へ

ぼくの名前はラムセス。兄さんが名づけた。古代エジプトの王、ラムセス2世から取ったそうだ。選んだ理由はふたつ。はじめてぼくを見たときに「王のように高貴だ」と思ったこと。もうひとつは「うんと長生きしてほしい」という願いから。ラムセス2世は、当時としては驚きの長寿で90歳まで生きたといわれている。66年もの統治のあいだには、２００人近い子どもを生《な》したらしい。ぼくは今年14歳になる。長寿猫を目指しているから、まだまだ若いつもりさ。

以前、東京の下町で兄さんが経営していたカフェの看板猫をしていた。このあたりは猫の聖地として店猫、街猫ともに多く、猫好きの散歩コースになっていた。店はぼく目当てに来る客で連日繁盛していた。

「ラムセスくーん」と黄色い声で呼ばれることもあったけど、客に甘えることはしなかった。当時は、恥ずかしいからやめてとの一心だったんだ。でも、その微妙な距離感が功を奏して、一目置かれる扱いをされるようになった。王様みたいだ。高いところから視線を向けるだけでも、「目が合った」と喜んでもらえたよ。

当時のことは、今でも懐かしく思い出す。毎日がお祭りみたいに、にぎやかで楽しかった。

数年後、兄さんは店を畳んだ。実家の建築板金業の3代目として跡を継ぐためだ。実家のある熊本に帰ることになったんだ。もちろんぼくも一緒だ。実家の近くに新しく家を借りて、ぼくらの新生活が始まった。

熊本はスケールが違う。なんといっても広い。大きい。そして静かだ。でもうるさい。どういうことかって？　人間の話し声や車の音がしないかわりに、自然のいろんな音がするんだ。自然は生きているってよくいうけど、そのとおりだと思った。

風に揺れる森の音には驚いたよ。すごく大きいんだ。動物の声もする。鳥の声はすごい。カラスとかハトやスズメと違う鳴き声。歌ってるみたいにきれいな声の鳥もいる。でもやっぱり、はじめは驚いてばかりだった。

音がするたび怖がってクローゼットに逃げ込んだ。兄さんが、

© RIASO.

遠くを眺めるラムセス。真剣な表情で何を思っているのだろうか。

「あれは木の葉がこすれる音だよ」とか、「あれはモズの鳴き声だよ」とか教えてくれたおかげで、いちいち驚かなくなった。それどころか声の主がわかるようになったんだ。

ある朝、起きてみたらとなりにいるはずの兄さんがいなかった。飛び起きて兄さんを捜すと、ベランダに座っているのが見えた。窓を叩くぼくに気づいた兄さんは、

「ラムセス、来たのか」と言って窓を開けてくれた。

真夏といえど夜明け前の空気は冷たい。ぼくは兄さんの膝に滑り込んだ。兄さんは言った。

「ほら、太陽が昇るよ」

連なる山のむこうから、まっすぐに細いオレンジの光が射してきた。光はあっという間に大きく、まぶしくなっていく。あまりの美しさに体が震えた。ぼくを見る兄さんの笑顔がオレンジ色になっていた。

ぼくの顔もオレンジ色に照らされていく。ぼくは、これからもずっと一緒に同じ景色を見たいと思った。兄さんと一緒なら、なんでもできる気がした。人間の言葉では、こういう気持ちのことを「永遠を感じる」というらしい。

板金技術の習得には根気と時間が必要だ。お父さんに弟子入りした兄さんは朝早く出て、夜遅くに帰宅する。ぼくと過ごす時間が減ってしまったけど、さみしくはなかった。

離れていても兄さんとぼくはつながっている。ぼくを置いてどこかに行ったりしないとわかっていた。そのかわり、夜はべったり甘えて過ごすのが常だった。

二人三脚で復興の道へ

4月14日の夜に続いて、16日にはさらに大きい地震が起きた。熊本地震と名づけられたこの大災害により、250人以上もの人が大切な命を失った。

阿蘇大橋は土砂崩れで落ち、熊本城も一部倒壊した。南阿蘇では土砂災害が相次いだ。一刻も早い支援を必要としたが、分断された橋がそれを拒んだ。かわりに自衛隊のヘリコプターが物資を運んだ。全国からボランティアもやってきて支援にあたった。一歩、また一歩と復興の道を進み、もうすぐ新しい阿蘇大橋が開通する。

熊本の人は明るい。兄さんの家族も近所の人も、ぼくを見ると笑顔で話しかけてくる。

「明るいということは強いんだ。南阿蘇の人は強いんだよ」と兄さんは教えてくれた。

そして今、ぼくは兄さんと忙しい日々を送っている。南阿蘇の復興活動だ。兄さんは「南阿蘇未来会議」のメンバーで「株式会社RIASO《リアソ》」っ

© RIASO.

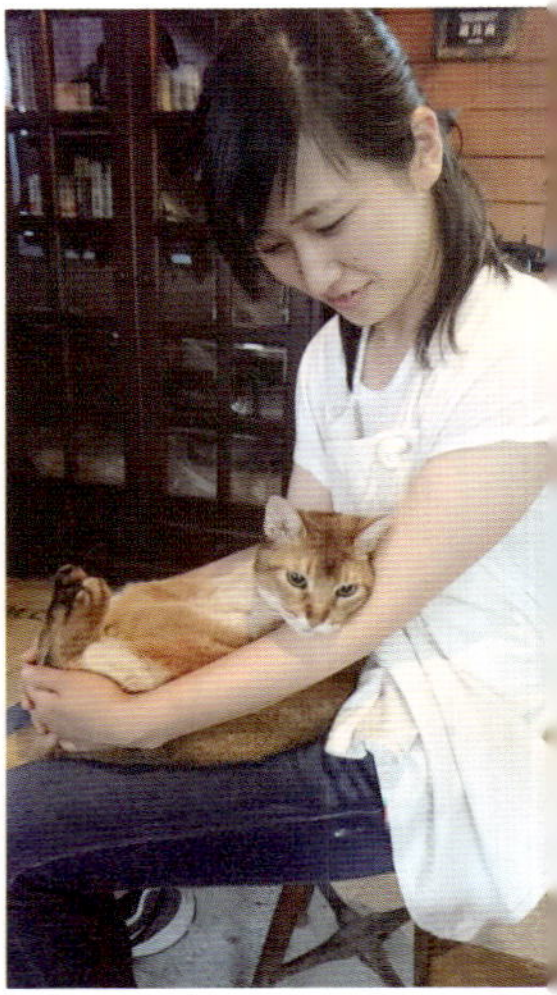

（右）南阿蘇で知り合ったたこ焼き屋のお姉さんと。（上）渡辺さんたちが企画した南阿蘇の夜散歩ツアー。ふだんは入れない場所が特別に公開されることも。毎回好評を得ている。

ていう会社を興した。観光ツアーの企画運営をする会社だ。

地元の人だけが知っているレアな絶景スポットなんかをめぐるツアーは、若い人に人気だ。南阿蘇にきて楽しんでくれればそれが支援になり、復興につながる。最高のアイデアだよね。

「悲しいことがあったけど、南阿蘇は悲しい土地なんかじゃない。どこよりも美しい、喜びが溢れる場所なんだ」

兄さんは友達とそう話していたよ。ぼくもそう思う。

兄さんとは行動を共にすることが増えた。二人三脚だ。仕事の打ち合わせに同行したり、毎日たくさんの人に会う。うれしいのは、ぼくを見た人が「猫だ！」と言って笑顔になってくれること。兄さんは「ラムセスの力はすごい」とうれしそう。どこにいてもファンができてしまうんだよね。

家でじっと兄さんを待つよりも、忙しくても今みたいにとなりにいられる生活がいい。首輪とひもがついていても、ぼくは自由なんだ。

最近、犬の友達ができた。兄さんの友達の犬で、チクワっていうんだ。会うたびに話が弾む。王様みたいに気取っていたぼくにこんな社交性があるなんて、自分でも驚く。

今は思う。デンと座ってるだけの王様なんて、自分らしくない。王様は人のために働くものだ。忙しいものなんだよ。

日頃のがんばりを兄さんに称えられ、会社主催の「星の散歩ツアー」

熊本に来て、はじめて犬の友達ができた。すっかり気を許しているラムセス。彼と渡辺さん二人三脚はどこまでも続く。

にはじめて連れてきてもらったときのこと。

無数の星がぼくと兄さんを包むように照らす。星の光ってこんなに近かった？　波の音は心地よく響き、風は背中を撫でるように優しく吹く。まるで宇宙にいるみたい。

兄さんの表情はどこまでも穏やかで、これが永遠を感じるってやつなんだって思った。

兄さんが、リュックから長細いパッケージのおやつを出してくれた。あっ、ぼくの大好きなアレだ！　おやつを食べさせてくれながら、兄さんが話す。

「地震が起きてまず思ったのは、ラムセスを守らなきゃってことだった。だから、おれはがんばれたんだ。ラムセスが無事で、本当に本当に安心した。それで思ったんだ。次は南阿蘇の皆を守りたいって。そのためなら、おれはなんでもする。正直、まだまだ復興への道は遠い。おれも迷うときがある。でも、ラムセスがいればなんでもできる。ラムセスは〝福興猫〟だから。おれについてきてくれてありがとうな。これからもよろしく」

何言ってんだろう。ぼくのほうこそ、兄さんに感謝してるのに。兄さんがいるから、ぼくがいる。

これからもずっと、ずっと、よろしく。兄さん！

Cha'伽和寿《チャカオス》

小夏、福太郎、銀次郎、ウガン、トロ

あたたかな混沌を寝床に

Cha'伽和寿《チャカオス》　東京都目黒区鷹番 3-12-10　土曜日営業　14:00～18:00　(L.O17:30)

人間ってなんでもっと正直になれないの？

人間って不思議だ。たとえばあの3人組。3人とも笑ってるけど、窮屈な思いが顔に出てる女の子がひとり。どうして帰らないの？　さようならが言えないの？　無理して笑ってる。

きのうのセールスの男性。わたしを見つけるなりぎょっとして、むこう行けっていう顔した。なのにおかあさんに「可愛い猫ですねー」だなんて言って。嘘つき。猫嫌いなくせに。人間って、どうして正直じゃないの？　気持ちが迷子になってるの？

福太郎に聞いてみた。

「小夏の言うとおり、迷子なんだよ。人間は迷ってばかりだよ」

「どうして？　人間ってちのうが高いんじゃないの？」

「ふふふ。じゃあ小夏は本当のことしか言わないの？」

「もちろん、わたしは……」

答えを待たずに階段を上っていってしまった。もう！　福太郎は物知りだから教えてくれると思ったのに！　まあいいわ。ゆっくり答えを探すから。

じゃあ、わたしの自己紹介を少しするわね。名前は小夏。7歳。白黒柄の女の子。生まれつき片目が見えないけどチャームポイントだと

小夏ちゃんはおかあさんとおとうさんが大好き。姿が見えるとすぐに近くへ。

思ってる。ここ、和喫茶「Cha《チャ》伽和寿《カオス》」の2階でおとうさんとおかあさんと4匹の猫と暮らしてる。ライオンのような長毛のウガン、グレーの銀次郎、白黒のお婆ちゃん猫のトロ、そして黒猫の福太郎とわたし。みーんな、おかあさんが保護してくれた猫なの。中でも2歳の福太郎とは、なぜか猫《ウマ》が合う。人間観察が好きな彼と、人と接するのが好きなわたし。2匹で看板猫をしているの。

そしてここCha《チャ》伽和寿《カオス》は、おとうさんとおかあさんが始めた和風喫茶で今年で7年目になる。古道具が趣味のおとうさんが収集した調度品がインテリアになっているの。テーブルも椅子も棚も、おとうさんのお眼鏡にかなった素敵なものよ。おとうさんとおかあさんの思い、古い物の歴史、わたしたち猫の存在。全部が混ざり合ってできた混沌(伽和寿《カオス》)。あたたかくて寛容。人間にも猫にも居心地は最高の場所よ。お客さんにはよく「このお店、落ち着く」って言われるわ。

ガラガラ。おかあさんが帰ってきた。何か大きなものを抱えてる。焦ってるみたい。おとうさんが急いで玄関へ向かう。

「ああ、終わったか」安心した声が聞こえる。

「駐車場の猫ね。よくがんばったねよかったね」となりでネイルサロンを経営しているおねえさんも様子を見にきてる。

「2階の和室でゆっくりさせるわ」「うん。それがいいさ」

3人は大きな荷物と一緒に階段を上っていった。

やってきたのは茶トラ柄の母娘《おやこ》だった。

タンタンタンッとリズミカルな音をたてて福太郎が下りてきた。

「バス通りを渡ったむこうのパーキングにいた親子らしい」

「そう。あそこ、野良猫たくさんいるんだっけ」わたしは不満だった。

「またしばらくは落ち着かないわね。おかあさんにも困ったものよね」

わたしがそう言うと、福太郎が厳しい顔をした。

「そんな言い方するなよ。おかあさんもおとうさんもおねえさんも、困ってる猫は放っておけない人たちなんだ。忘れたのか。おれだって小夏だって、おかあさんに助けてもらわなかったら今頃どうなっていたかわからないぜ」

わたしは、はっとした。

そうなんだ。わたしも福太郎も、街で瀕死だったところをおかあさんに助けてもらって、こんなに幸せだっていうのに。わたしったら。

「死んでたっておかしくなかったんだよ、おれたち」

わたしはめずらしく反省した。

その母猫は何度も出産してきたけれど、そのたびに事故や病気で子猫を亡くしてきたそうだ。野良猫歴が長く、なかなか保護できないでいたのだけれど、昨晩ケガをしてしまったらしい。おかあさんが発見して保護してきたとのことだった。

２階には２匹のほかに銀次郎くん、ウガンさん、トロちゃんの３匹の猫がいる。いずれも保護活動で出会った猫だ。

２匹を見に行くと、子猫が母猫にぴったりと寄り添って眠っていた。母猫はお腹に包帯をしていた。不妊手術を受けたのだろうか。

「ここはあったかいのね。この子、すっかりリラックスしてるわ」

茶トラ猫が言う。表情は穏やかだが、話すのもやっとなほど疲れきっていた。

「体はどう？」

「大丈夫よ、ありがとう」

痩せて骨ばった体に、束になって黒ずんだ茶色の被毛。目やにだらけの目元。頬もこけている。子猫も小さくて、生後3カ月経っているようには見えない。わたしはさっきの自分の言葉を後悔した。そして、外の世界の過酷さを思い出したのだった。

あの日わたしは、やっと見つけた3日ぶりのご飯をほかの猫に横取りされ空腹でフラフラだった。休めそうな場所を見つけて雨宿りしていると、ふいに視線を感じた。街路樹の枝の隙間から黒い目が覗いている。カラスだ。大きな羽の音と声。わたしは震えた。逃げなきゃ！　鳴きながら走った。どこをどれだけ走ったのか、憶えていないほど走りまわった。

私鉄が通る学芸大学駅の街は、東西に伸びた大きな商店街が昼も夜も人でにぎわう。さらに左右に枝分かれした無数の小道には、小さな

おかあさんの近くにいると安心なんだよ、という表情が可愛い。ウガンさんは穏やかで優雅。

飲食店が窮屈そうに軒を連ねている。小路のあいだを走りながら、もうだめだと思った。クラクラする。もう死ぬんだと思ったそのときだった。誰かにひょいっと抱き上げられて、箱のようなものに入れられた。パニックになったけれど、暴れる気力はまったくなかった。

気がつくと、冷房の効いた静かな和室だった。誰かが心配そうにこちらを見つめている。ぱっちりと開いた片目が捉えたのは3人。それが、おかあさんとおとうさん、そしておねえさんとの出会いだった。

「大変だったわね。もう安心よ」

あのときの自分が目の前にいるような感覚だった。

看板猫としての幸せを思う

次の日、Cha《チャ》伽和寿《カオス》には女性のお客さんがふたり。白玉あんみつを食べているところだった。白玉あんみつは、おかあさんお手製の寒天とあんこを使った人気メニューだ。

「小夏ちゃん」

おかあさんに呼ばれた！　お膝においでの合図ね。トンッとジャンプして飛び乗る。

「小夏ちゃん、ふくふくと育って」お客さんが言う。

「そうなのよ。おかげさまでよく食べてくれて。このとおり甘えん坊

（上）ご友人の筆によるご夫妻と猫たちのイラスト。（右）娘さんの営むネイルサロンにお邪魔して寛ぐ福太郎くん。

さんで（笑）」

「そういえば、あの母娘猫はどうなった？」

2階の茶トラ親子のことを言ってるのかしら。おかあさんの表情が曇った。

「獣医さんが言うには、2〜3日だろうって。即死じゃなかったのが不思議なくらいだって。安楽死をすすめられたんだけど、今まで外でがんばってきたでしょ、せめて最期くらいは娘ちゃんとゆっくりと過ごさせてあげたくて連れて帰ってきちゃった。上にいるのよ」

嘘……。

「せめてもう少し早く保護できていれば事故に遭うこともなかっただろうにね」おかあさんが涙ぐむ。

「仕方ないわよ。誰のせいでもないわ。娘猫だけでも助かってよかったわよ」

「そうね……」

おかあさんは頷いて、膝にいる私を抱きしめた。

その後、ひっきりなしにお客さんがきて、おかあさんは接客に、おとうさんは厨房で大忙しだった。笑顔のおかあさんを見て、わたしは胸が痛かった。心は悲しみで溢れているはずなのに。そんなふたりのために、わたしも福太郎も看板猫をいつもよりがんばった。

「小夏ちゃん、こっち来て」と呼ぶ若い女性客の横の座布団で、香箱

小上がり席には小夏ちゃんの定位置が。香箱座りの小夏ちゃんとアンティークの和箪笥がよく似合っている。

座りをしてあげたり。福太郎も写真を撮るお客さんの前でりりしいポーズを取ってあげたり。優しそうなお客さんには撫でさせてあげたりもしたわ。どのお客さんも「ごちそうさま。またくるね」って笑顔になって帰っていく。そんなとき、看板猫をやっていてよかった、としみじみ思うんだ。

おかあさんとおとうさんが閉店後の片づけをしている。おねえさんも1日の仕事が終わって、店にやってきた。

「あれ？　福ちゃんは？」

「あの子、自分でドア開けちゃうからね。どこ行ったのかしら」

気がつくと、福太郎の姿がない。思い当たったわたしは、ドアを開けてもらい、2階へと向かった。

福太郎は親子のいる和室の隅にいた。

「やっぱりここにいたのね」

目で合図をしてから、親子のケージの前に座った。昨日よりさらに弱っている母猫のそばで、子猫がおもちゃにじゃれて遊んでいる。

「この子、こんなに元気になったのよ。食欲もすごいの」

母猫が弱々しく口を開いた。

「そう。よかったわね」と笑顔で答える。

「私、もっとおかあさんに早く会いたかった。あなたがうらやましいわ」

「わたし？　生まれつき片目が見えないけどね（笑）」

福太郎くん。凛とした表情から賢さがうかがえる。娘さんのネイルサロンへのドアの開け方を見つけてしまった。

ううん、と母猫は首を振った。

「そんなの関係ないわ。とっても幸せそうだもの」

わたしは微笑んで言った。

「そうね。でもあなたもそうなるわ」

母猫は、はっとした顔をした。

「……ありがとう。でも、わかってるの。私はもうだめ」

「弱気なこと言わないで。今まで外でがんばってきたんじゃない。もうひとがんばりよ。元気になって、親子で家猫になって幸せに暮らすのよ」

「……私、治る？」

「ぜったい治るわよ！　約束する！」

わたしは涙目だった。でも、母猫は気づかなかった。もう目が見えてないんだ……。

「ありがとう小夏さん。少し休むわ……」

そう言って母猫は、それきり動かなくなった。

優しい人たちとの幸せな場所

あれから母猫は火葬されて、白くて小さな骨壺に入って帰ってきた。娘猫はおかあさんの尽力で無事、里親が見つかり、家猫として幸せに暮らしている。季節はもう秋だ。

「よかったな、母猫も安心してるだろうな」

福太郎が言う。今日は休みの日。ゆっくり日なたぼっこをしている。

「小夏さ、どうして母猫に嘘ついたの?」

わたしは焦った。

「だって……なんていうか希望を持ったままで逝ってほしかった。これ以上傷ついてほしくなかったのよ……」

福太郎は黙って聞いていた。

「間違ってたかな、わたし?」

「ううん。小夏、優しいって思ったよ。……それでさ、今ならわかるんじゃない? 前言ってた、人間の正直じゃないところ」

「あっ」

福太郎はふふふと笑ってドアを開けてどこかへ行ってしまった。もう! いつもこうなんだから!

うん、今ならわかるよ。事実と違うことを言ってしまう人間の気持ち。あのセールスマン、猫好きなおかあさんに猫が苦手って言ってがっかりさせたくなかったんだよね。あの女の子も、ふたりを傷つけたくなくて自分が我慢してしまった。

皆、優しい気持ちがあるからなんだ。

窓の外は秋晴れ。大きな枯れ葉がヒラヒラと庭に舞い込む。バイバイと手を振る母猫が見えた気がした。

Chapter 3

これからも
ずっと一緒の
君へ

今日も
笑っていきませんか？

浅草演芸ホール
ジロリ

浅草演芸ホール　東京都台東区浅草 1-43-12（六区ブロードウエイ 商店街中央）

ここは浅草六区。演芸ホールの昼の部が始まろうとしているところ。シャッターが開く。空が覗く。外は今にも雨が降りそうだ。でもここは演芸ホール。１年３６５日笑いの雨が降り続く。東京でいちばんご機嫌な場所だ。一歩足を踏み入れれば気分はピーカンだ。

僕の名前はジロリ。このホールで暮らしている。看板猫の仕事もしている。テケツ（チケット売り場）が主な仕事場だ。

お客さんが集まりはじめた。まさえさんが僕の横に腰かけ、チケットを手際よく捌いていく。

まさえさんは、ここのスタッフで僕の世話係で、相棒。僕をここに連れてきた当人でもある。

「ジロリー。久しぶりじゃねえか。元気かい？」

常連さんが声をかけてくる。

「久しぶりですー。このとおり元気ですよー」

人間語を話せない僕のかわりに、まさえさんが答えてくれる。彼女は僕の通訳でもあるんだ。

「ころころと太ってもう。眼福だなあ」

僕を見る常連さんの目尻が下がる。

木戸（チケット売り場）にはこんな注意書きが。「見た目は可愛いけど、僕けっこう強いんだよね」

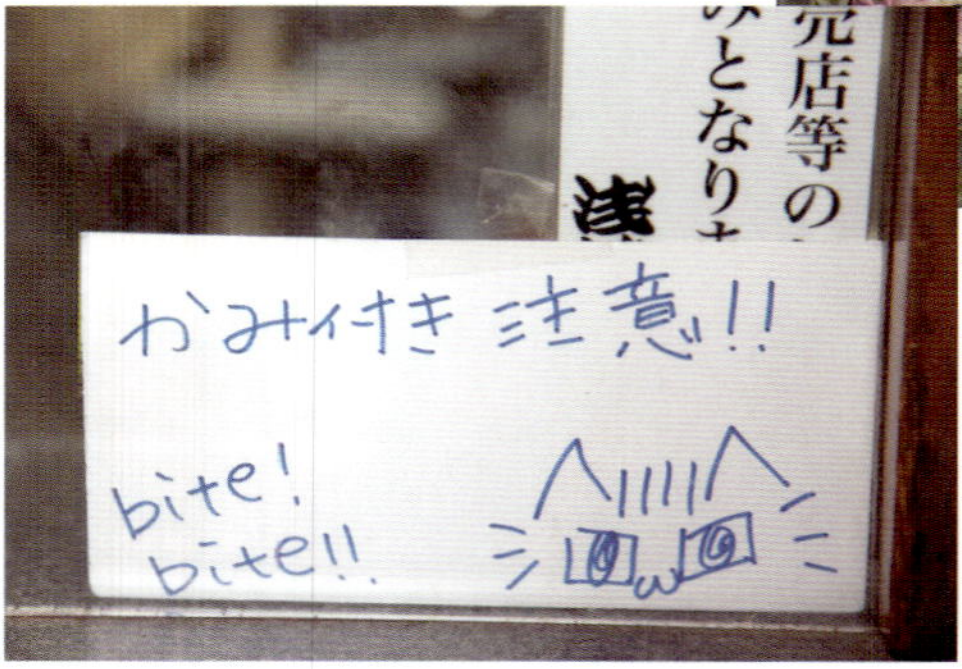

ジロリのオリジナル名刺。裏はシールになっている。

演芸ホールの〝救世主〟

10年くらい前のことだ。浅草六区にも再開発の波がやってきた。老朽化した建物は、次々とピカピカなビルへと生まれ変わっていった。

しかし。

一転、突然現れた〝あるモノ〟にパニックになったんだ。その正体とは……。

ねずみの大群だった。

古い街の片隅で、増えに増えまくっていたねずみ。居場所を奪われた彼らは、新たな住み処を求めて街を右往左往した。そして残念なことに、「浅草演芸ホール」も新居に選ばれてしまったというわけだ。

複雑な造りの館内は、彼らには都合がよかったようだ。隠れる場所が多いからね。

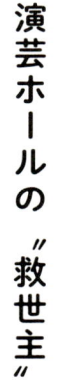

そんなある日のこと、ついに事件が起きた。なんと高座の最中、黒子のように舞台に登場して、お客さんを大層驚かせた。「キャー」という声も上がった。当然だ。

「なんとかしなければ」演芸ホールの社長はすぐに手を打った。しかし……。罠を仕掛けてもダメ。薬品を使ってもダメ。業者を呼んで駆

出番待ちの笑福亭羽光さんと。仲良しのふたり。

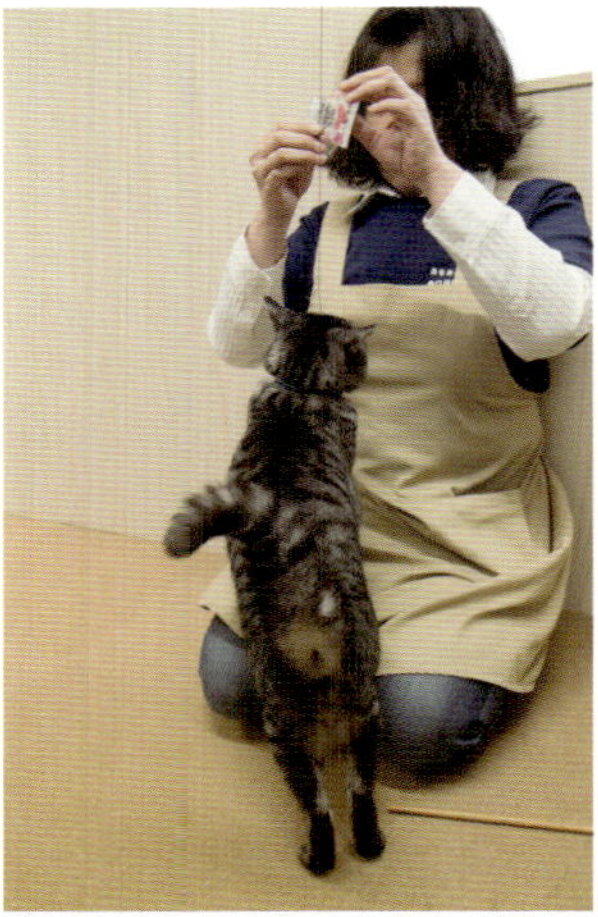

羽光さんの扇子にじゃれてカミカミ。

大好きなまさえさんからおやつをもらった。やったー！

除しても、またどこからか入ってくる。困り果てた一同は、悩んだ末にある確実な方法に行き着いた。

ねずみを襲う習性を持ち、すばしっこく、嗅覚と鋭い爪と牙を持つ者を探し出し、演芸ホールに放つ。

そう、「猫」に全員の望みをかけたんだ。

そこでスタッフのひとり、まさえさんに猫を連れてくる大役が任された。アーティストのミー・カチントさんの自宅に、里親待ちの猫が数匹いることを聞いたまさえさんは家を訪ねることにしたんだ。

そこには、僕のほかに子猫が3匹いた。子猫たちの目はつぶらで、まるで天使のように可憐だ。僕は、当然子猫がもらわれていくんだろうなと思って見ていた。

僕はもともとあまり他人（猫）が好きじゃなくて、いつもほかの猫とうまくやれない。内にこもる性格は年を重ねるごとに強くなった。自業自得だけど、ずっと孤独だった。

なのに……。

「こんにちは」

まさえさんが僕の前に座って僕の目を覗き込んだだけ。それなのに。急に体が軽くなったんだ。これをリラックスっていうのかな。はじめての感覚だ。

それから、急激に甘えたい気持ちになった。僕は、信じられないこ

とに、自分からまさえさんの膝に乗った。1本ずつ、足を伸ばして。明るい空気が僕とまさえさんを包み込んでいく。それはすごくあったかかった。うかつにも、のどの奥を大きくゴロゴロと鳴らしてしまったほどだ。

僕の様子が聞いてた話と違うからか、まさえさんは少し驚いていたっけ。遠慮がちに、でも優しく撫でてくれた手のひらもまた、あったかかった。

そのとき、まさえさんが言ったんだ。

「選んでくれたね」って。

僕は大きな目で見つめ返し、まばたきをした。そして〝声を出さないニャーオ〟をした。

あのとき確かに、僕はまさえさんを選んだんだと思う。

あとでまさえさんが教えてくれた。

あのとき、まるで僕に面接されてるような気がしたんだって。

「いいよ、行ってあげても」って言われたと思ったんだって。

猫ファンから落語ファンへの橋渡し役

こうして、僕は浅草演芸ホールの看板猫となったんだ。

目力の強さから、ジロリと名づけられた。もちろんねずみは追い出

してやったさ。「まさえさんを選んだ猫」として、彼女を困らせるヤツは許すわけにいかない。これは僕の看板猫としてのプライドだ。

今では、出囃子の音で誰が出るのかわかってしまう。

友達になった噺家さんもいる。笑福亭羽光さんだ。家に猫が2匹いるらしく、扱いに慣れている。本番前に近寄っても「おおきたか」と受け容れてくれるし、お互い声もかけないで寄り添っているときもある。波長が合うみたいだ。

あるお客さんは言う。「猫の落語があるといいのにな。どんなことをしても、猫だから可愛くて憎めない。与太郎に通じるものがあるんじゃないか。オチは〝猫だから〟で一丁上がりだ」

ホールに猫がいると聞いて、若いお客さんも増えた。そのあと寄席の魅力にハマって、常連さんになる人も。これは、愛猫家が落語愛好家になるパターンだ。僕はその橋渡しができる、日本で唯一の猫なのだ。

「最近若い女性客が増えたのは、ジロリのおかげだね」とまさえさんに褒められた。

素直に、うれしい。

ここにくる前の、心を閉ざした僕はもういない。

「おーいジロリー！」と威勢のいい声が響く。あの常連さんだ！

この人、いい人なんだけど強引で、つい逃げちゃうんだ。わあ！追いかけてきた。……と思ったら座り込んだ。

もう！

彼のそばへ行って、ジロリと睨んでやった。早くどいてよ！

すると、常連さんったら大喜び。

「ねえ見てよ！　ジロリが近くでオレを見つめてるよ！」

睨みつけると、常連さんはますます喜ぶ。その繰り返し。さすがの僕もイライラしてきたところに、まさえさんがやってきて笑った。

「ふふふ、残念！　ジロリ、泣きそうなのよ。今座ってるその座布団、ジロリのお気に入りだから。旦那、そこ、あっしの寝床っていって泣いてるのよ」

「！」常連さん、はっとした。

「ああ、『寝床』か！　大家さんの浄瑠璃に感動したんじゃなくて、大家さんが自分の寝床にいて邪魔だから泣いてたっていうあれか！さすが浅草演芸ホールの看板猫だなあ！」

お腹を抱えて大笑い。僕、噺家さんみたいじゃない？　演芸ホールでデビューしちゃおうかな。なんちゃって。

ではでは、おあとがよろしいようで。またね！

nolla cafe

八、ごるご、うなぎ

コトコトタイムと ぼくの大発見！

nolla cafe　富山県富山市掛尾町 345-1　11:30 ～ 19:00 頃　(LO.18:30 頃)　木曜定休（祝日のときは翌日金曜休み）　不定休あり

スープ作りの秘伝とは？

グツグツグツ。なべの中で具が躍る。

「よし。これでオーケー」

おとうさんがコンロの火を止めて、ふたをした。

コトコトコトコト。見えないけど、まだ具が躍っているんだ。上に下に円を描いて。おいしくなるダンスだ。

「八、仕込みがすんだから、買い出しに行ってくるよ。ストーブ消してくけど、窓際のホットカーペットつけてあるから—ここにいてっと」

ぼくを抱いてカーペットまで運ぶ。いいね。あったかい。

「じゃ、行ってきます」

なべから、いい匂いがする。「ノラカフェ」で使っている、はかせなべ。キッチンへ行ってみる。キッチンの床。冷たいけど落ち着くのはなぜだろう。火が消えているのに、具が煮えるのはなぜだろう。なべの中を想像してみる。具が躍ると柔らかくなって膨らむ。そういえば、ぼくもしっぽが膨らむことがある。ほこりを取るモップみたいに膨らんで柔らかくなる。どんなときに？　びっくりしたとき。驚かされたとき。

わかった！　なべの中で、具は躍ってるんじゃなくて、びっくりしてるんだ。お互いにおどかし合ってびっくりしながら動いてるんだ。

「ぼく、八。ふたりの弟とはあんまり仲良くない。だから１階（カフェ）で過ごすことが多いんだ。おとうさんおかあさんとずっと一緒にいられるし、お客さんにも大事にされてるからけっこう満足だよ」

何度も何度も。具がやわやわになるまで続く。こんだけ柔らかくなればもういいだろうってことで、自然に止まるんだ。

ぼく、スープ作りの秘伝を知った。やった！　うれしさでピョンピョン跳ねる。さすがノラカフェの猫だよね！　誰か褒めて！

「八、おはよう」

おかあさんだ！　昨日から風邪をひいて2階で休んでた。

「なんだかうれしそうね」

おかあさんに抱っこしてもらうの1日ぶりだ。うれしいな。ぼく、心配したし、さみしかったんだ。おかあさん、もう熱は下がったの？

「どうしたの甘えて。もしかして心配してくれてるの？　ふふふ、大丈夫よ。お薬飲んで寝たら、だいぶいいわ」

笑顔を見たらもっとうれしくなって、ついのどをグルグル鳴らしてしまった。

「帰ってくるまで、一緒にいようか」

おかあさんはそう言ってくれたけど、抱っこしてくれた体がいつもより熱い。まだ熱があるんだ。

ぼくはおかあさんの腕をすり抜けて、ホットカーペットに香箱座りをしてみせた。早く2階で休んでほしい。

「じゃあ八、わたし休むね」

ぼくはほっとして、窓から外を眺めることにした。

弟のうなぎくん。たまに1階に下りてくることがある。

スープのような愛に包まれて

いつのまにかうとうとしていたみたいで、エンジン音で目が覚めた。おとうさんの車だ！

「ただいまー」「こんにちはー」

おとうさんは、大和くんという近くの高校に通う男の子と一緒だった。大和くんは、ぼくも好きな常連さんだ。

「これ、どこに置きます？」

「そっちのテーブルに置いて。ありがとうね」

わあ。たんまり買い出ししてきたんだなあ。おとうさんたちは、お店で使う材料には体にいいものって決めてる。こだわりがあるんだ。だから買い出しにも時間がかかる。野菜の直売所に行ったりするんだ。

「いいえ。僕こそ、乗せてきてもらって助かりました」

「店開けるけど、ランチ食べてくよね？」

「ハイ！　いただきます」

大和くんは本棚から本を1冊選び、奥の席に座った。

「レンズ豆のスープと本日のカレー、あと紅茶をください」

「はいよー」キッチンからおとうさんが返事をした。さっき煮てたスープだ！　ぼくは大和くんに、スープの具がどうして煮えるのか教えて

階段にいる、うなぎ（上）とごるご（下）。２匹ともおかあさんが大好きな甘えん坊。

あげたくなった。対面席に座って、とりあえずじっと見つめてみた。

「八、なんか僕に用があるの？」

「あるある！」と猫語で答える。もちろん人間には通じない。

「よしよし、よくわからないけど話したいのはわかったよ。僕も君に相談があるんだ。聞いてくれるかな？」

大和くんが、ぼくに？　いいよ、いいよ話して。ぼくを対等な話し相手だと思ってるってことだよね！

「お待たせー」

おとうさんがスープとカレー、パンと有機玄米ご飯を運んできた。会話が中断する。

「奥さんの具合はいかがですか？」と大和くん。もう！　話は？

「ああ。心配してくれてありがとう。もう熱は下がったみたい。明日から店に出られると思うよ」

「ごるごとうなぎは？」

ごるごとうなぎは、ぼくの弟たちだ。

「奥さんの両脇にべたっと張りついて寝てるよ。熱が出ようが具合が悪かろうが、まったくおかまいなし」

「それキツいっすね」

「キツいみたいよ。動けないって。でもおれじゃダメなんだよなー」

おとうさんはそう言って笑いながら厨房に戻っていった。ぼくらだ

けになった。さぁ、遠慮なく話しておくれ。大和くんを見つめて催促してみたけど、大和くんは、ぼくの背中をひと撫でして、パンをかじりながら本を読みはじめてしまった。

信じることはそっと待つこと

朝起きたら、もう火が消えてコトコトタイム（とぼくは呼んでいる）に入っていた。なべの中では、具たちがお互いを驚かせ合っている。

「おはよう、八。心配かけてごめんね」

おかあさんだ！　ぼくを抱き上げ、膝に乗せた。

「八、えらい甘えようだな。我慢してたんだな」

おとうさんが笑う。よかった。たまにごるごが下りてくることもあるけど、ノラカフェの主役はこの3人って決まってる。

今朝は、おかあさんにご飯をもらって幸先のいいスタートを切れた。

「こんにちはー」

ランチタイムの終わり頃、大和くんがやってきた。大和くんのお母さんと一緒だ。ふたりは奥の席に座った。

大和くん、硬い表情をしている。お母さんもなんだかピリピリしている。おいしいスープを食べて笑顔になれたらいいけど。心配だから近くで見守ることにした。

窓際に置いてもらった椅子の上で日なたぼっこ。「スープが煮えたいい匂いがしてきたよ。今日のランチも美味しそうだよ」

「勝手にしろよ！」

突然のことだった。大和くんは叫んで、ひとり店を出て行ってしまった。残されたお母さんが泣いている。こんなことはじめてだ。

呆然とするぼくとおとうさんを尻目に、おかあさんが堂々と紅茶のポットを持って近づいていく。おかあさんってすごい……。

「セットの紅茶です」

ポットをテーブルに置いて、そっとハンカチを差し出す。

「ありがとう。ごめんなさいね。びっくりしたでしょう。あの子、このお店が好きで通っているんでしょう？　迷惑かけちゃって……」

ハンカチで目元を押さえながら、大和くんのお母さんが言った。

「はい。よくきてくれてます。いいお子さんですね」

「ええ。そうなの。本当はあんな大声出す子じゃないの。あたしが、あの子の父親と離婚することになったから……。あの子、お父さん大好きなのに」

そう言ってお母さんの目からまた涙が溢れた。ぼくはお母さんのとなりにくっついた。そうすれば泣きやんでくれるかな、と思って。

「……ありがとう。あなたが大和のお気に入りの猫ちゃんね」

そう言いながら、ぼくの頭を撫でてくれた。

「スープを作るには、待つことが大事なんです」

いつのまにか近くにいたおとうさんが話しはじめた。

大好きなおとうさんと。「おとうさんの笑顔はぼくにとってのスープだよ。見るとすごく元気になっちゃうんだ！」

「この組み合わせならぜったいにおいしくなるって信じたら、手を出さずひたすら待つ。そうすると、最高のスープができあがる。大和くんは賢くてとてもいい子です。苦しくても彼なりに答えを見つけるでしょう。ただ、それには時間が必要です。ここは、信じて待ってみませんか」

ぼく、おとうさん見直しちゃった。かっこいい！　おかあさんの次だけど、おとうさんも大好き！

それからしばらくして、大和くんは再び顔を見せるようになった。お母さんと一緒のときもある。ぎこちないけど、笑顔も見せてくれる。おとうさんもおかあさんも、あの日のことには触れず、何事もなかったかのように接してる。

ぼく思うんだ。お母さんと大和くん。ケンカして驚かし合ったから、スープみたいに柔らかく仲直りできたんじゃない？　だとすると、びっくりさせると煮えるっていうぼくの発見は間違ってなかったんだね。

さあて、ぼくも大好きな、おかあさんに甘えてこようっと。

仲のいい家族が起こした奇跡

ディー・カッツェ

ケーニッヒ、カイザー、クイーン、王女

ディー・カッツェ　東京都新宿区新宿 1-19-8　月曜～金曜　11:30 ～ 22:00　土曜・日曜・祝日　12:00 ～ 19:00　無休

〝奇跡の子〟長男カイザー

「いたいた、カイザーさんー！　こんにちは」

馴染みのある声がする。近所の美容室のお姉さんで、美代さんだ。僕に会いにきてくれたんだと思うけど、今お腹いっぱいでウトウトしかけたとこなんだよね……。

「眠いみたいだねー。えーと、すいませーん」

美代さんは席についてネコーンセット（猫形スコーンと紅茶のセット）を注文した。ここ「ディー・カッツェ」の人気メニューだ。

ぼくの名前はカイザー。ドイツの皇帝って意味。なのに、「店長代理くん」なんて呼ばれてる。ディー・カッツェの看板猫として、まだまだ修行が必要らしい。自分では、とっくに一人前だと思ってるんだけど。

なんだか眠気が覚めちゃった。お姉さんのところに行こうかな。でも、ひとりだと照れるな。オーちゃんと一緒ならいいかも。オーちゃんは、ぼくのおねえさん。ふー、ふー。寝息が聞こえる。すっかり眠ってしまったみたい。起こしたら、かわいそうだ。ぼくは勇気を出して、ひとりでお客さんのところに行くことにした。

うーん。美代さん、さすがだ。窓際の席は、ぼくの定位置。ぼくが

オーちゃん。カイザーの姉。少女のようなあどけない表情が可愛らしい。猫の美人コンテストがあったとしたら1位確実!?

くることを想定して選んだのだろう。

「カイザーさん! 起きたのね」美代さんの顔が輝く。

「カイザーさん素敵」「大好き」「気品がある」「たたずまいが気高い」「香り高い」などなど、今日もいっぱい褒めてくれた。すっごくうれしそうに褒めるから、ぼくもつい気を許しちゃう。でもさー、最後の「香り高い」って、ぼくじゃなくて紅茶のことだよね……。

美代さんは、笑顔で手を振りながら帰っていった。大仕事をやり終えた充実感で胸がいっぱいになった。ほら、ぼくはこんなにお客さんを笑顔にできる。すごいでしょ? 振り向くと、パパとママが優しい目でぼくを見ていた。

「見てくれてたんだ!」

ぼくが駆け寄ると、ママが言った。

「さすが、〝奇跡の子〟ね」

「またそれ? 何? 奇跡って」

「もう少しお兄ちゃんになったら教えてあげよう。これからも修行がんばるんだぞ」

パパが威厳たっぷりの表情で言った。パパは本当にかっこいい。ぼくの数十倍も気高いし、体もしっかりして大きい。早くパパみたいな大人の男になりたい。

……でも〝奇跡の子〟って、いったいどんな意味なんだろう?

クーちゃんことクイーン。女王のような高貴な振る舞いが美しい、カイザーとオーちゃんの母。

王女のような気品、長女のオーちゃん

あたしはオーちゃん。王女って意味よ。ママによく似た、淡いグレーの毛色が自慢なの。弟のカイザーはママがいないと、オーちゃんオーちゃんって甘えてくる。本当に甘えん坊なの。「店長代理くん」って呼ばれてむくれてるけど、仕方ないと思うわ。だって子どもなんだもん。

パパとママ、そして店のマダムとマスターに何不自由なく育てられたあたし。気がついたら、立派なレディになっていたの。「どんな仕草も絵になる」ってお客さんに褒められたことがあるわ。そのお客さん、あたしをモデルにして絵を描いてくれたわ。それを見て思ったの。あたしって、こんなにきれいなんだって。自分でも驚いちゃった。

「オーちゃん、そっくりに描けたわ。気に入ったかな」

もちろんよ！　マダムにお願いして、壁に飾ってもらっているところにカイザーがやってきた。

「これ、オーちゃん？」

「そうよ」

カイザー、驚いたように絵を見つめてる。

「……何よ！　似てないとか思ってるんでしょ！」

「違うよ！　ほんとにそっくりだなあって見てたんだ。オーちゃんっ

レジでお客さんを迎えるオーちゃん。ディー・カッツェの棚にはカップやワイングラスなどがずらりと並ぶが、触れることはないそうだ。大切なものだと認識しているのだろう。

てとってもキレイだからね！」

キラキラした目で興奮気味に話すカイザー。……まいっちゃうわ。こういう素直なところ、可愛いのよね。きっとパパ以上に立派な店長になるわ。やっぱり〝奇跡の子〟なのよね。

女王様でみんなのママ、クーちゃん

私はクイーン。女王って意味よ。普段はクーちゃんって呼ばれてる。マダムとマスターの店で、夫のケーニッヒと子どもたちと看板猫の仕事をしているわ。趣味はお芝居の話を聞くこと。ディー・カッツェは近くに劇場があるから、お芝居を観た帰りのお客さんが、よく寄ってくれるの。俳優さんや女優さん、スタッフの人がくることもあるわ。

演劇を観てきた人の話って、迫力があるの。舞台の熱気を感じられるわ。話を聞いていると、心の中でイメージが広がっていくのがわかる。演じる人たちは、喜びや悲しみ、そしてそれ以外の複雑な気持ちを舞台で表現する。本当に素敵。いつか私も女優になって舞台に立ってみたい。そして、ケーニッヒに観てもらうのが夢よ。

子どもは2匹とも、とてもおりこうよ。カイザーはパパに憧れていて、まっすぐな性格の子。姉のオーちゃんは私に似て、プライドが高くて自立した子ね。甘え下手っていうのかしら。そこもよく似てる。

カイザーくん。大好きなマスターと。お父さんのケーニッヒくんと同じ場所にいたりすることがあるのだそう。見習いとして憧れのお父さんに近づくため、真似をしているのかも。

まるでライオンのような迫力と風格を持つケーニッヒくん。クーちゃんとはずっと仲良し夫婦だ。

でもたまに、お腹の下に入ってくるときがあるわ。普段はしっかり屋のお姉さんだから、そんなときのオーちゃんがとっても愛おしくなるの。

　私も恥ずかしがりやで、普段ベタベタ甘えるタイプじゃない。だけど、一度だけ、どうしようもなく心細くて、甘えたくなる夜があったの。ベッドに入ったけど、落ち着かない。心がザワザワした感じで。ひとりではいられない！　って思った私は、マダムの寝室に行ってベッドに入ったわ。

「あら！　クーちゃん。どうしたの？　めずらしいわね」

　マダムは一瞬驚いたけれど、喜んで私を抱き寄せてくれた。その夜、私は安心して眠りにつくことができたの。だけど、問題はそのあとに起きた。眠りについたのも束の間、お腹の痛みで目が覚めた。痛みは治まるどころかどんどん増してきて、私ははっとしたの。

　これはお産だ！　オーちゃんのときと同じだ！　と気がついた。私はそのまま、マダムのベッドの中で1匹の子猫を生んだ。それがカイザーだった。

　早朝、マダムとマスターは無事お産を終えた私を見て、びっくりして目が丸くなっていたわ。

「なぜ！　どうして!?」

「ケーくんは去勢手術済みなのに!?」

カイザーくんは、窓際の席がお気に入り。いつかパパみたいなかっこいい店長になるぞ！

そうなの。夫のケーニッヒは手術済み。だから、妊娠しないと思っていたのに……。奇跡が起きたとしかいえないわ。カイザーは、とても利発で美しい男の子に育ったわ。勉強熱心だし、店長としての資質も十分にある。だから〝奇跡の子〟と呼ばれているのよ。

ディー・カッツェの国王、パパのケーニッヒ

おれの名はケーニッヒ。ドイツ語で国王を意味する。ディー・カッツェの店長だから一国一城の主。国王といえるだろう。クラシックが趣味で、ワインにも精通している。ワインについては、マスターに一から教わって、ひと通りの知識は備えてるつもりだ。ドイツワインには猫をモチーフにしたラベルのものがいくつかある。猫とワインは親和性が高いのか、ワイン好きに猫好きが多いのか、あるいはその両方かもしれないと思う。

さて、自己紹介はここまでにしよう。先日のことだ。事件が起きた。馴染みのお客さんが訪ねてきて、マダムと昔話を始めた。店には全員がいて、その様子を微笑ましく見守っていた。

「カイザーちゃん、おいで」カイザーが呼ばれた。

優雅に歩きだすカイザー。あたりには、惚れ惚れするような気品が漂う。さすがおれの息子だ。

いつもりりしいケーニッヒくんだが、大好きなマダムの前では甘えん坊の素顔を見せてくれる。

「この子が、去勢手術後に生まれたっていう奇跡のあの子？　予定になかったのに、びっくりよねえ」

その言葉を聞いたカイザーの表情は曇り、ドアに向かって一目散に走りだした。そして、間が悪いことに退店する別のお客さんのあとについて外に飛び出していってしまったんだ。

まずい！　外はあぶない。ここは新宿だ。

お客さんに悪気がないことは彼もわかっているはずだが、傷ついてしまったに違いない。カイザーは人一倍、繊細な猫である。

店にいるように、とおれたちに言ってマダムとマスターは上着を羽織り、急いで捜しに外に出た。そして30分後、うなだれた様子で戻ってきた。見つからなかったらしい。今は12月。夕方の5時になれば、外はもう真っ暗だ。外に出たことのないカイザーが、暗い道をひとり戻ってくるのは不可能かもしれない……。みんなカイザーが心配で、うなだれていた。そんなときだった。

「すいませーん」

聞き憶えのある声が響いた。ドアのほうを見ると、常連の美容師の美代さんが腕にカイザーを抱えて立っていた。

「カイザー！」

そう叫びながら、みんな一斉に駆け寄った。

「うちの店の入り口の階段にいたんです。元気がなくて、すぐに抱っ

こできました。外は冷えるから……。カイザーさん、会いにきてくれなくても、私がくるから待っててよ。びっくりしちゃうから」

美代さんはカイザーをマダムに手渡した。何やら大きな勘違いをしているようだが、とにかくカイザーは店に戻ってくることができた。

マダムとマスターがカイザーに話しかける。

「ごめんなさいね、カイザー。あなたの出生のこと、もっと早く話しておくべきだったわね」

とマダムが優しくカイザーを撫でた。

「君がいて、どれだけ私たちが幸せか。君といられる毎日が奇跡なんだと思っているんだよ」

マスターの言葉にカイザーの目が潤んだ。クーちゃんが言った。

「生まれてきてくれて、ありがとう。カイザー」

こうして事件は大団円のもとに幕を閉じたのだった。

その後、カイザーは〝奇跡の子〟の意味を知って、また少し大人になった気がする。前よりもっと、自分がこの世に生まれてきた意味を考えるようになったのかもしれない。

おれ自身、大事に育ててくれたマダムとマスター、そして家族の皆に心から感謝している。何よりここディー・カッツェでの店長の生活は、とても幸せだ。だからこそ、この生活を守っていきたいと思う。

RRROOM
むーちゃん

女子力猫、むーちゃんとマスター

RRROOM　神奈川県横須賀市上町 1-40　12:00 ～ 22:00　火曜定休（祝日のときは翌日水曜休み）

横須賀でマスターに恋をした

うーん。昼寝から覚めたあたしはベッドで伸びをした。午後4時。奥に男性客がひとり。奥さんは誰かと電話中。マスターは不在……。

ここは横須賀にあるカフェ「RRROOM」。あたしは看板猫のむーちゃん。冷蔵庫の上のベッドはあたしの定位置。あたたかい上に店を一望できるベストポジション。ディナータイムまでもう少し眠ろうかしら……と思ったそのとき。

「むーちゃん、マスター帰ってくるよ」と奥さん。

マスターが帰ってくる！　駆け下りてドアの前に座り、急いで毛づくろいをする。

「ただいまー、むーちゃん。いつ見ても美人だなあ」

満面の笑みであたしを抱き上げるマスター。

「マスターとむーちゃんは、ほんっと愛し合ってるわよねえ」

奥さんが苦笑いしながらマスターが仕入れてきた食材をしまっていく。お客さんによく言われる。

「むーちゃんって、マスターに恋する女子だよねー」って。

恋がどんなものかわからないけれど。あたしはマスターがいちばん好き。で、マスターもあたしがいちばん好きってことは知ってる。

マスターと奥さん。二人三脚＋１匹でＲＲＲＯＯＭを盛り立ててきた。

毎日が贅沢なくらい幸せ

マスターとの出会いは、5年前。冷たい雨が降っていた4月のある朝。店に出勤したマスターと奥さんは、通りのむこう側にうごめく何かを見つけたの。近寄ってみると、生まれたばかりの子猫が4匹。雨に打たれ、身を寄せ合っていたんだって。

「このままでは死んでしまう！」

ふたりは、ぼろ雑巾みたいな4匹を抱えて獣医に駆け込んで見事4匹の命を救ったの。そして、その中の1匹を連れて帰って飼うことにした。生まれつき右の前足が短いのが気になって、ふたりで育てることにしたんだって。それがあたし。今では立派なRRROOMの看板猫に成長したわ。

ある夕方、いつものようにマスターがカモン、カモンと膝を叩いてあたしを呼んだ。「むーちゃん、膝においで」の合図。膝に飛び乗ったあたしに、マスターがつぶやいた。

「むーちゃんがいるからコーヒーが美味しいんだよー」

「なにー！　いきなり」と奥さん。

「むーちゃんがいるから毎日、気分がいいし」

「はいはい」常連のコワモテミュージシャン、ジー・ジーさんが読書

しながら流す。
「むーちゃんがいるから、毎日がさ、贅沢なくらい幸せなんだよな」

ドッキーン！　キューン。


「やだー！　どんだけむーちゃん好きなのー‼」

「マスター面白すぎるぜ‼」

「よっ！　むーちゃんの彼氏——！」

向かいのテーブル席のお客さんまでつられて大笑い。笑いの渦の中、あたしは心の中で思ってた。あたしも！　あたしもだよ！　マスターがいるから、毎日贅沢なくらい幸せなんだよ。

「ユウカちゃん」との出会い

そんな優しい人の店だから常連客が多い。横須賀の中学校に通うユウカちゃんもそのひとり。はじめて会ったとき、立ち上がってあたしに挨拶してくれた。

「はじめまして、むーちゃん。ユウカです」って。

そんなお客さん今までいなかったからびっくりしたわ。でも、うれしかった。あたしの存在をきちんと尊重してくれているような気がして。

むーちゃんはとにかくマスターひと筋。猫の愛情は揺らぐことがない。

夕方の落ち着いた時間になるとふらりとやってくる。カウンターの隅の席に座って、店オリジナルのジュースをオーダー。あとはひたすら分厚い本を読んでいた。彼女がくるようになって1カ月ほど経ったある日、あたしは彼女の横に座ってみた。

「ユウカ」っていう名前しか知らないけど、なんだか彼女は信用できる気がしたの。

「おー、むーちゃんとなりに来たね。やったじゃん。慎重な猫だからね。慣れるまで時間がかかるんだよ」

マスターがはじめて彼女に声をかけた。話すきっかけを探っていたんだろうなと思ったわ。そんな優しい人だから。

「うれしいです。ずっとむーちゃんを撫でたかったの」

シャイな笑顔で答える彼女に、マスターが提案した。

「じゃあ今夜は記念日だ。ジュースで乾杯しよう！」

「オレもまぜてー！」「私も！」とジー・ジーさんと奥さん。

「じゃあいくよ、むーちゃんとユウカちゃんにカンパーイ！」

カチン、カチンとグラス同士の響く音で、心の壁もはじけて飛んでいったみたい。今夜は大サービス。抱っこさせてあげたら泣きそうな顔して喜んでた。こんなに喜んでくれるなんて、看板猫冥利に尽きると思ったわ。

Switch

むーちゃん専用のキュートなカップでお食事中。

今日は木曜日。ジー・ジーさんにおでこをマッサージしてもらう日。彼、近所で接骨院を営む整体師さんでもあるの。プロにサービスでマッサージしてもらえるのは看板猫の役得ね。

「しかし不思議だよなあ」

マッサージしながらジー・ジーさんが首をかしげる。

「何が？」と奥さん。

「あの子のことだよ、ユウカちゃんだっけ。毎日のように店にくるよな。あの年頃って友達と遊ぶほうが楽しいもんなんじゃないか？」

「この店を気に入ってくれたのね。マスターと本の話できるし。彼女かなりの本好きだから」

そう。マスターはあらゆるジャンルの本に詳しいの。寝る前はあたしを膝に乗せて読書するのが習慣になってる。

「本もいいけどさ、やっぱ同年代の友達のほうがいいもんだと思うけどなあ。そういえば学校の話してるの聞いたことないよね」

「好きじゃないんじゃない？　学校。いいじゃん友達なんていなくても」と困り顔でマスター。

「そう？　おれ心配になっちゃうぜ。あの子いい子だからとくに」

めずらしく食い下がるジー・ジーさんにマスターが尋ねた。

「……ジー・ジーさ、学校好きだったっけ？」

「はっ！　好きだったことない。むしろ嫌いだったわ」

「ユウカちゃんとジー・ジーさんは好きだけど、マスターには近寄らないでよね」

「だろ！　おれもだよ。おれたち同級生じゃん。ずっと学校嫌い同士だったじゃん。何自分のこと忘れてんだよ」

マスターが笑いながら言った。「もうこの話題終了！」

バツが悪そうな顔のジー・ジーさん。「いてっ」マスターを困らせるなんて！　あたしは手に思いきり猫パンチして逃げた。

この日以来、彼女の話は出なかった。マスターと奥さんはいつからか、彼女を黙って見守ろうと決めていたみたい。

この町に灯る希望の光

「こんにちはー。いつものジュースください」

夕方、ユウカちゃんが分厚い本を抱えてRRROOMにやってきた。

「いらっしゃい、ユウカちゃん。今日は何読むのー？」

笑顔で迎えるマスターに、彼女は意外な言葉を返したの。

「今日は本は読まない。マスターとみんな、あとむーちゃんに話があってきたの…」

彼女の表情は真剣そのものだ。マスターと奥さん、ジー・ジーさんとあたし。その場にいた全員が固唾を呑んで次の言葉を待った。

「マスターは気がついてると思うけど、わたし、学校で浮いてるというか、あんまり楽しいことがなくて、悲しいことが多くて。そんなと

「今夜はマスター、ほかの人と話してばかりで、なんだか寂しいわ」「はいはい、わかった」

き、ここで本を読んで心を落ち着かせてから家に帰ってたんだ、はじめのうちは。みんなと話をするようになってからは、悲しいことなんかどうでもよくなって、元気になってました。だって、ずっとわたしに寄り添ってくれたから……」

意を決したけなげな告白に、みるみるマスターと奥さんの目が潤んでいく。

「本当に感謝してます」

「うん」

マスターが涙でぐしゃぐしゃになった笑顔で答える。

「すごく」

「うん」

「……むーちゃんに」

あたし!?

「えーっ!?」と一同。

「む、むーちゃんに?」マスターがカウンターでずっこけた。

「マスターじゃなくて!?」ジー・ジーさんも目を丸くして驚いてる。

奥さんは笑いたいのをこらえてるみたい。

「むーちゃんに会うのが楽しみで、嫌なことすぐに忘れられた。むーちゃんの目を見てるとわたしのこと、なぜかわかっててくれてるんだって思えて安心した。むーちゃんはわたしにとって、この町に灯る

マスターの膝で寛ぐむーちゃん。すっかり女子の表情に。「マスターはあたしのものよ」

唯一の希望の光なの。だから今度のテストもぜったいがんばるって思って」

「……そうか。それならよかった」マスターが笑う。

「だから、テストが終わったら、またきてもいいですか？」

「もちろん。待ってるよ！」とマスター。

「テストがんばって！　はい、いつものジュース！」と奥さん。

まだ笑いが収まらないジー・ジーさん。

「いただきます！」

笑顔でジュースを受け取るユウカちゃん。

うん。待ってるわね。

次の日から、あたしの自慢がもっと多くなったマスター。

「むーちゃんてすごいよな。特別な猫だよな。〝希望の光〟だってさ。癒やしパワーハンパないよー」だって。

何度も繰り返すもんだから、奥さんに嫌がられている。でも好きな人に褒められて、あたしはとってもいい気分。

「カモンカモン！　むーちゃーん！」

あ！　マスターが呼んでる。行かなくちゃ。

じゃあね、また今度ＲＲＲＯＯＭで会いましょう。

おわりに

すべてのエピソードを書き終えて感じたのは、猫が生み出す物語をもっともっと知りたいということでした。

「ぽかぽかした幸せをくれる猫」「生きる希望を与える猫」「人と人をつなぐ猫」「震災からの復興を手伝う猫」など、猫が存在すれば毎日のように物語が生まれていきます。

特筆すべきは、すべてのエピソードが幸福へと向かっているということ。

猫の存在のすごさを感じずにはいられません。

今回取材した中で、あるお店のご主人がポツリと話しました。

「話の通じない人間よりも、よっぽど猫のほうが通じ合える気がします」と。

その場にいた全員が同意するほど、納得する意見でした。

猫は一見、受動的で弱い動物に見えますが、頑固で意志が強く、言葉を使わずとも人間を意のままにできるという技を持つ、非常に高度な生きものだと著者は考えています。

取材するたび、店にいる猫たちは皆、自分の居場所を自分で選んで決めているという、彼らの意思を感じたものです。

あなたの傍らにいる猫は、猫があなたを選んでそこにいるのです。幸せをくれる猫たちに、私たちは幸せを返していかなければいけません。

まずは、近くの猫をとびきり幸せにしていこうと私は思うのです。

この本を作るにあたり、版元の太田さん、マイクロフィッシュの酒井さんには長い長い時間をお付き合いいただきました。その結果、猫の魅力が伝わる素晴らしい本になったと思います。

これからも「猫の魅力アピール隊」としてよろしくお願いいたします。

写真家の泉山美代子さん。泉山さんと取材に行くと、猫があっという間に心を開くので驚いてしまいます。

そして、快く取材を受けてくださった各店舗の皆様と猫さんたち。皆様のおかげで物語を書くことができました。ひとつひとつ、私にとって宝石のようなエピソードです。

最後に読者の皆様に。この本を手に取ってくださり、本当にありがとうございます。皆様の猫ライフが幸せなエピソードで溢れるほど充実するようお祈りさせていただき、あとがきに代えさせていただきます。

逸見チエコ

逸見《へんみ》チエコ

ライター・イラストレーター・マンガ家。『メロディ』(白泉社) にてデビュー。主な著書に『猫カフェめぐり～あの猫に会いにでかけよう～』(エンターブレイン)、『まちの看板ねこ』(宝島社) などがある。横幅の広い顔の猫がタイプ。趣味はひとりで喫茶店めぐりをすることと映画鑑賞。

表紙猫：Gallery éf の錫之介くん

看板《かんばん》にゃん猫《こ》

－猫《ねこ》たちがこっそり教《おし》えてくれた 14 の奇跡《きせき》の出《で》会《あ》い－

2019 年 10 月 25 日　初版発行

著　者　逸見《へんみ》チエコ

企画・構成　酒井ゆう（micro fish）
カバー・本文デザイン　平林亜紀（micro fish）
写　真　泉山美代子
その他写真協力　掲載店舗の皆様

発行人　武内静夫
発　行　株式会社マイクロマガジン社
〒 104-0041　東京都中央区新富 1-3-7　ヨドコウビル
TEL.03-3206-1641　FAX.03-3551-1208（販売部）
TEL.03-3551-9569　FAX.03-3551-9565（編集部）
http://micromagazine.net/

印刷製本　株式会社光邦
編集担当　太田和夫

ISBN978-4-89637-937-2　C0095